Johann Heinrich Jung-Stilling

Lehrbuch der Forstwirtschaft

Johann Heinrich Jung-Stilling

Lehrbuch der Forstwirtschaft

ISBN/EAN: 9783744676779

Hergestellt in Europa, USA, Kanada, Australien, Japan

Cover: Foto ©berggeist007 / pixelio.de

Weitere Bücher finden Sie auf **www.hansebooks.com**

Lehrbuch
der
Forstwirthschaft.

Zweite vermehrte und verbesserte Auflage.

Von

Dr. Johann Heinrich Jung,

der Weltweisheit und Arzneikunde Doktor, Churfürstlicher Hofrath, öffentlicher ordentlicher Professor der Forst- und Landwirthschaft, Vieh-Arzneikunde, der Fabricken- und Handlungswissenschaft auf der Staatswirthschafts hohen Schule zu Heidelberg; der Churpfälzischen physikalisch-ökonomischen und der Churfürstlichen teutschen Gesellschaft ordentliches Mitglied.

Erster Theil.

Mannheim,
in der neuen Hof- und akademischen Buchhandlung 1787.

Vorrede zur ersten Auflage.

Es sind verschiedene Ursachen, die mich bewogen haben, ein Lehrbuch über die Forstwirthschaft zu schreiben; und es giebt wieder Ursachen, die es mir zur Pflicht machen, hier von jenen dem Publikum Rechenschaft abzulegen. Denn man ist von jeher gewohnt, und besonders in unsern Zeiten, Urtheile über den Schriftsteller und seine Werke zu fällen. In wie fern dem Schriftsteller diese Urtheile gleichgültig oder nicht gleichgültig seyn können, das liegt am Tage. Ein Privatgelehrter, der nur schreibt um zu vergnügen oder zu belehren, besonders, wenn er nicht noch nebenher den Zweck hat, etwas zu verdienen, thut am besten, wenn er sich anders einer gerechten Sache bewußt ist, alle jene Urtheile mit Stillschweigen zu beantworten; dabei bleibt er am ruhigsten. Anders

Vorrede.

aber verhält es sich mit einem öffentlichen Lehrer. Sein Glück, seine Ehre hängt von seinem guten und vorzüglich gelehrten Ruhme ab; daher ist es seine Pflicht, auf jenen Ruhm auf eine bescheidene und geziemende Art, so viel möglich ist, zu wachen.

Diese Wahrheit fordert mich also auch hier auf, eine und andere Bemerkung meinem Lehrbuche vorzusezen, oder eine Vorrede dazu zu schreiben, welches sonst sehr oft eine unnöthige Parade ist.

Als ich vor drei Jahren anfieng, die Forstwissenschaft auf hiesiger Kameral Hohen Schule zu lehren, so sah ich mich nach einem Leitfaden oder Lehrbuche um: ich fand derselben genug, und vortrefliche; und ich darf wohl nicht die Schriften jener berühmten Männer nennen, damit ich nicht unverschuldet einen oder den andern beleidigen möge, indem ich ihn vergesse. Allein alle schickten sich nicht für unsere Hohe Schule. Das eine war zum Lehrbuche zu weitläuftig, das andere zu kurz: denn ein jeder hatte nach seinem Verhältniß, seiner Lage und

Vorrede.

seinem Bedürfniß geschrieben. Dies Verhältniß, diese Lage, dies Bedürfniß waren aber nirgend und in keinem Falle die meinigen; ich sah mich daher schon im ersten Jahr genöthiget, einen Entwurf zu machen, darüber zu lesen, und dabei zu diktiren. Diesen Entwurf bearbeitete ich den zweiten Lehrgang noch einmal, und den dritten zum drittenmal; und so, wie er nun geworden, erscheint er hier im Druck in zween Theilen. Ich will mich nun deutlicher erklären.

Die Verfassung der Forstwirthschaft ist, im Ganzen genommen, noch lang das nicht, was sie seyn könnte und seyn sollte. Vielen Fürsten ist sie blos Jagd, ihnen ist der Forstwirth Jäger, und, ist er Hirschgerecht, so wird nichts mehr gefordert.

Andere suchen freilich auch auf die Holznuzung, richten auch wohl ihr Forstregale auf eine vernünftige Art ein; allein, bei weitem wird nicht derjenige Nuzen aus dieser Nahrungsquelle gezogen, den man daraus ziehen könnte. Die Ursachen sind leicht zu ergründen.

Vorrede.

Es ist unmöglich, daß der Fürst alles wissen und verstehen kann, was Ihm und dem Staate nüzlich ist, seine gröste Wissenschaft bestehet darin, wenn er Leute in alle Fächer zu wählen weiß, welche für solche die besten sind, und dann, wenn Er verstehet, solche Männer zu leiten, oder so zu regieren, damit sie ihrer Pflicht getreu seien. Diese Diener waren bis daher alle Juristen und Publicisten; auch fanden sich hier und da wohl solche, die sich noch nebenher auf das sogenannte Kamerale legten, aber nie, oder doch sehr selten gelangten auch diese leztern zu derjenigen Stufe der Staatswirthschaft, von welcher man das Ganze zu übersehen fähig ist.

Unter allen Kameralwissenschaften traf dies Schicksal die Forstwirthschaft am meisten: wer sich darauf legte, war mehr Jäger als Wirth, und vielweniger Staatswirth. Dazu kam noch, daß man die höhern Forstbedienungen gemeiniglich solchen Leuten übertrug, die wegen ihres Standes versorgt werden mußten. Konnten nun diese Männer die Jagdlust des Fürsten befriedigen, so konnten sie genug. Daher ist

Vorrede.

die Forstwirthschaft unter allen ökonomischen Fächern vielleicht am weitesten zurückgeblieben.

Es ist wahr, in den neuern Zeiten bemühte man sich ernstlich, auch diese Wissenschaft zu verbessern. Man hat Zanthiere und Gleditsche; praktische und theoretische Männer. Die leztern, nämlich die theoretischen, bearbeiten mehr die Forstbotanik, suchen alles in- und ausländische Gehölz nach den Regeln der Kräuterlehre zu bestimmen und zu beschreiben; auch macht dies den grösten Theil ihrer Lehre vom Forstwesen aus. Da bleibt aber noch ungemein vieles zurück, und das Wirthschaftliche wird entweder gar kurz, oder doch nicht nach dem eigentlichen Kameral-Endzweck abgehandelt. Hiedurch table ich aber diese Männer keineswegs; ihr Lehrstuhl, ihr Zweck und ihre Verfassung erlauben es nicht anders.

Die erstern, nämlich die praktischen Forstwirthe, thaten auch was sie konnten. Ein Menschenleben ist viel zu kurz, ein Forstregal in denjenigen Stand zu sezen, in welchem es nach den besten Regeln der Oekonomie gesezt

Vorrede.

werden muß. Sie fangen an, zu verbessern, natürlicher Weise also mit der Einrichtung der Holzzucht, und der Eintheilung in Schläge und Gehaue. Was sie thaten und erfuhren, das schrieben sie, uud so erhielten wir abermal sehr gute Schriften; aber nur Bruchstücke, nichts Ganzes.

Die Einrichtung und der Plan unserer Kameral Hohen Schule aber erfordern, daß jede Kameralwissenschaft systematisch, allgemein, so viel als möglich praktisch, und in ihrem ganzen Umfang gelehret werden muß, damit Männer, welche hier ausgebildet werden, in allen Theilen der Oekonomie brauchbar seyn mögen. Eben dies gilt auch von der Forstwirthschaft. Ich mußte daher die Forstwirthschaft in ein Lehrgebäude bringen, welches ihr bisher noch gemangelt hat, besonders aber vermisse ich überall den höchst=wichtigen Theil der Forst=Technologie und Forst=Handlung; wenigstens fand ich ihn nirgends vollständig, und in Ordnung. Ich halte aber dafür, daß diese Theile der Forstnutzung gerad die allernöthigsten sind.

Vorrede.

Ich verbitte mir aber sehr, mein Werk als etwas Vollendetes anzusehen; es ist ein Versuch eines Lehrbuchs, ein schwacher Umriß eines Gemähldes, das ich noch immer mehr bearbeiten werde. Vielleicht muß ich dann noch vieles ausradiren, verwischen, und ändern. Denn bei jedem neu angehenden Lehrgange bearbeitete ich jede Wissenschaft aufs neue, so, als wenn ich sie noch nie bearbeitet hätte; nur daß ich das Wahre von vorigen Zeiten beibehalte, reinige und befestige. Und so erweitere ich meine eigene Kenntnisse, trage Materialien zusammen, und verschaffe denen, welche mein Kollegium zweimal hören wollen, Gelegenheit, auch in diesem zweiten Lehrgang noch etwas Neues zu lernen.

Nun noch ein paar Worte über das Innere des Lehrbuchs selbst:

In der Pflanzen-Physiologie findet vielleicht mancher etwas, das ihm nicht gefällt; die Forst-Botanik behagt vielleicht auch einem oder dem andern nicht. Beiden dient zu wissen, daß mein sehr würdiger Kollege, Herr

Vorrede.

Professor Suckow, die ökonomische Botanik lehrt, und ich also nicht nöthig hatte, das zu sagen, was Er gesagt hat, nur daß ich besonders den Theil, der zur Forstwirthschaft gehört, meinem Zwecke näher anpassen mußte.

Es könnte mir auch verübelt werden, daß ich keine Schriften citirt habe; allein, das kann ich nun nicht ändern. So lang ich so denke, wie jezt, so lang halte ich dies Citiren in systematischen Lehrbüchern nicht für nothwendig. Es nimmt vielen Raum weg, und täglich kommen ja neue Werke heraus, die man dort vermißt. Besser ist's also, wenn man im Kollegio die besten Schriften mündlich anzeigt und diktirt. In blosen Gedächtniß Wissenschaften aber, als z. B. in der Botanik, Naturgeschichte überhaupt, u. dgl. da sind Citationen um des Beweises der Wahrheit willen nöthig.

Endlich habe ich mich auch hin und wieder neuer Kunstwörter bedient; doch bin ich damit billig sparsam gewesen; ich suche auch keinen Ruhm in Erfindung solcher Wörter; mir ist's sehr gleichgültig, ob man sie mir abborgt; ich

Vorrede.

wählte sie nur, um mich kurz und dem Begriffe gemäs ausdrücken zu können; auch, hoffe ich, ist es nach Adelungs Rezel geschehen, und dies ist mir Entschuldigung genug. Uebrigens erbitte ich mir vom forstverständigen Publikum freundschaftliche Nachricht und Belehrung aus; ich suche wahre Ehre darin, meine Kenntnisse zu verbessern, und jeder ist mir willkommen, der mir ohne Beleidigung die Hand dazu bietet.

Lautern,
den 1 Oct. 1781.

Der Verfasser.

Vorrede zur zweiten Auflage.

Ich habe nun seit fünf Jahren auch fünf Lehrgänge über die erste Ausgabe dieses Lehrbuchs gehalten, und verschiedenes gefunden, das nun geändert werden muß: einiges ist überflüssig, dies bleibt weg; anderes ist schwankend, und dies wird berichtigt; wieder anderes mag gar falsch seyn, an dessen statt trage ich nun Wahrheit vor; und endlich habe ich noch ein und anderes bemerkt, das in dieser Auflage hinzugesezt

Vorrede zur zweiten Auflage.

werden muß. Daß also dies Werk nun besser wird als es war, daran ist kein Zweifel, ob ich mir gleichwohl bewust bin, daß mein Lehrbuch das noch lange nicht ist, was es seyn sollte, und auch seyn könnte, wenn ich nur Forst- und Landwirthschaft, Fabricken und Handlung zu lehren hätte; da aber noch die Grundlehre, das Rechnungswesen, die Vieh-Arznei, und die Gewerb-Polizei dazu kommt, so muß ich mich das Jahr durch in alle diese Fächer theilen, und jedes bearbeiten.

Es ist also leicht einzusehen, daß ich in keinem meiner Fächer ins Detail gehen kan, sondern bei allgemeinen Grundsäzen beharren muß. Ich halte aber auch dafür, daß es besser sey, wenn man auf Hohen Schu-

Vorrede

len blos bei dem allgemeinen stehen bleibt, und sich vom System nur deutliche Begriffe macht, die Ausfüllung desselben ist hernach das Geschäfte des ganzen Lebens.

Hierzu kommt noch ein Umstand: Die Staatswirthschaftliche Wissenschaften sind von einem so weiten Umfang, daß es dem studirenden unmöglich ist, alle wie man zu sagen pflegt, ex professo zu studiren, indem jede ihren eigenen Mann beschäftigen kann; daher muß der Lehrer seinen Vortrag so einrichten, daß er den Verstand und das Gedächtniß seiner Zuhörer, nicht überlade, weilen sie sonst am Ende gar nichts wissen würden, sondern er muß sich allenthalben um felsen veste allgemeine Grundsäze bekümmern, und diese dann licht hell und warm ans Herz zu legen suchen.

zur zweiten Auflage.

Diese Bahn habe ich mir in meinem Lehramt ein für allemal ausgezeichnet, und ich werde treulich und fest dabei beharren; daß ich nicht so viel Ruhm und Ehre erwerben werde, als andre, die durch Citationen ihre Litterärkunde, und durch angestellte Versuche und Erfahrungen ihre Erfindungen der Welt vorlegen können, das sehe ich wohl ein; indessen begnüge ich mich mit dem Bewustseyn der Erfüllung meiner Pflichten; es müssen ja auch Männer seyn, die das was andre gelesen und beobachtet haben, benuzen und verdauen, und dieser Klasse suche ich mich von Tag zu Tage würdiger zu machen.

Indessen sind jene Producenten im Reich der Warheit nüzliche Männer, und wir Fa-

Vorrede zur zweiten Auflage.

brikanten und Handwerksleute sollen solche Bauern lieben und schäzen, als unsre ehrwürdige Mitbrüder, die der König eben so wenig entbehren kann, als uns. Hiemit empfiehlt sich

Heidelberg,
den 1. Jul. 1786

Der Verfasser.

Entwurf
des
Lehrgangs der Forstwirthschaft.

§. 1.

Das altfränkische Wort Forst, Forest, (Forêt) bedeutet einen Wald. Ich verstehe darunter: ein holztragendes Grundstück von unbestimmter Gröſe, das nicht landwirthschaftlich benuzt wird, und auf welchem die sich selbst überlaſſene Natur allerhand Produkte hervorbringt und ernährt. Ich nehme hier das Wort Landwirthschaftlich in seiner engeren Beziehung auf Ackerbau und Viehzucht, denn im weitläufigen Verstand gehört auch die Forstwirthschaft dazu.

§. 2. Ein Grundſtück, das nicht land-
wirthſchaftlich benuzt wird, zu keinem Land-
gut gehört, oder keinen Privateigenthümer
hat, gehört dem Staat, oder dem, welchem
es der Staat überläßt. Der Regent iſt aber
das Haupt des Staats, deswegen iſt es von
Alters üblich, daß Er dergleichen Grundſtü-
cke als Staatswirth benuzt; und da man die
Gewerbquellen, die keinem Privateigenthümer zukommen, Regalien nennt, oder ſie
doch zu den Regalien zählt: ſo iſt ein Forſt
ein Regale, und alle Forſten im Staat zuſammen genommen, machen das Forſtregale aus.

§. 3. Die ſich ſelbſt überlaſſene Natur
bringt in den Forſten je nach der Beſchaffen-
heit des Bodens und den äuſſerlichen zufälli-
gen mitwürkenden Urſachen, mancherlei Holzpflanzen, allerhand Gewächſe und Thiere,
ſo wohl auf dem Trocknen als im Waſſer hervor. Holzpflanzen, allerhand Gewächſe und Thiere ſind alſo die Produkte
des Forſtregals, welche der Staatswirth zu benuzen hat.

§. 4. Wirthſchaft nenne ich den ganzen Umfang aller Einrichtungen und Bemühungen, durch welche man nach Anleitung der
beſten Heiſcheſäze, der Gewerb- oder

der Forstwirthschaft.

Nahrungsquelle, den gröſten beſten und mannigfaltigen Ertrag mit dem ſparſamſten und zweckgemäſeſten Aufwand abzugewinnen ſucht, um den gröſten reinen Ertrag, der durch die Gewerbquelle möglich iſt, zu erhalten. Wirth nennt man den Mann, der die Wirthſchaft verwaltet.

§. 5. Das Gehölze iſt ein ſehr wichtiges und jedem Menſchen unentbehrliches Befriedigungsmittel mancherlei Bedürfniſſen. Andere Pflanzen und Thiere der Forſten können auch benuzt werden, aber ſie ſind bei weitem nicht ſo weſentlich nöthig. Da nun das Forſtregale die eigentliche Quelle der Holzpflanzen iſt, ſo machen ſie auch ſeine wichtigſten Produkte aus.

§. 6. Der Regent, oder der, welchem Er das Forſtregale überläßt, der Beſizer eines Forſts, benuzt ihn; die beſte Benuzung geſchieht durch eine gute Wirthſchaft. Da es nun ein Grundſaz iſt, daß jede Gewerbquelle zur Glückſeligkeit des Beſizers und des Staats auf die nüzlichſte Weiſe betrieben werden ſoll, ſo iſt eine Forſtwirthſchaft nöthig, welche auf die allerbeſten Heiſcheſäze gegründet iſt.

§. 7. Der Regent verwaltet die ganze Staatswirthſchaft überhaupt, daher kann Er keine einzelne Wirthschaft persönlich besorgen; Er ist auch nicht fähig, eine jede in ihrem ganzen Umfang zu verstehen; Er hat also bei der Forstwirthschaft Bediente nöthig, die immer einer dem andern untergeordnet sind, seinem ganzen Forstregale vorstehen, und daher Alle gute Forstwirthe, d. i. forstgerecht seyn müssen. Oberjägermeister, Oberforstmeister, Forstmeister, Oberjäger, Oberförster, Unterförster, Amtsjäger, u. s. w. sind die bekanntesten Benennungen der Forstbedienten.

§. 8. Die besten Heischesäze einer Wirthschaft sind diejenigen, welche, wenn sie ausgeführt werden, dem Zweck der Wirthschaft völlig genugthun; da nun das Gehölze das wichtigste Produkt des Forstregals ausmacht, so folgt, daß der Hauptzweck der Forstwirthschaft dahin gehe: das mehreste beste und nüzlichste oder mannigfaltigste Gehölze, je nach Erforderniß der Bedürfnisse, mit dem geringsten Aufwand zu erziehen. Die Lehren, welche unfehlbar dazu führen, sind die besten Heischesäze der Forstwirthschaft.

§. 9. Der Zweck einer Wirthschaft zielt dahin: daß man aus der Gewerbquelle den grösten Ertrag gewinne, der durch sie mög-

der Forstwirthschaft.

lich ist. Dazu ist aber nicht hinlänglich, daß man die mehresten und nüzlichsten Produkte anpflanze, erziehe und erwerbe, sondern man muß sie auch gegen allen Verlust sichern, um sie als Ertrag benuzen zu können. Da nun die Forstprodukte, vorzüglich die Holzpflanzen, mancherlei Gefahren ausgesezt sind, so **erfordert die Forstwirthschaft Zeischesäze, deren Ausführung gegen alle diese Gefahren sichert.**

§. 10. Wenn eine Gewerbquelle so beschaffen ist, daß ihre Produkte der Menschheit unentbehrliche Befrizdigungsmittel sind, so muß die Wirthschaft nothwendig den Genuß der mehresten und besten Produkten der Nachkommenschaft auf immer sicher stellen; dies ist gerad der Fall bei dem Gehölze, besonders da es überhaupt sehr langsam zu seiner Vollkommenheit gelangt. **Die Lehre von der Forstwirthschaft muß also auch Zeischesäze angeben, deren Ausführung nicht nur einen gewissen jährlichen Holzertrag auf immer gründet, sondern, wo möglich, ihn auch immer vergrösert.**

§. 11. Der Endzweck einer Wirthschaft gehet nun endlich auch dahin, um den gewonnenen Ertrag zum besten Nuzen des Eigenthümers zu verwenden, so, daß derselbe den grösten reinen Ertrag erlange, der durch die Gewerbquelle möglich ist; daher muß die Lehre von der Forstwirthschaft auch Heischesäze enthalten, welche anweisen: wie man den gewonnenen Ertrag an Gehölze, Pflanzen und Thieren behandeln müsse, damit der größte Nuzen für den Fürsten und den Staat dadurch erreicht werde, der durch das Forstregale möglich ist.

§. 12. Alle diese Heischesäze nun, die mehresten und nüzlichsten Holzpflanzen zu erziehen, die erzogenen zu erhalten und zu beschüzen, ihren gewissen Ertrag auf die Zukunft zu gründen und zu vermehren, und endlich zum Besten des Regenten und des Staats den größten reinen Ertrag daraus zu ziehen, alles dies aber mit dem geringsten und zweckgemäsesten Aufwand auszuführen, in wissenschaftlicher Ordnung deutlich und ausführlich zusammen getragen, machen die Forstwissenschaft aus, deren Ausführung die Forstwirthschaft, ihr schriftlicher Entwurf aber Lehrbuch der Forstwirthschaft heißt.

§. 13. Die Forstwissenschaft lehret also: wie man auf dem Forstregale mit dem sparsamsten aber zugleich zweckgemäsesten Aufwand das mehreste und nüzlichste Gehölze erziehen, das erzogene aber warten, pflegen und schüzen müsse, damit der grösseste, nüzlichste und immerwährende Ertrag dadurch erhalten werde; und wie man endlich überhaupt den gewonnenen Ertrag an Gehölze, Pflanzen und Thieren bestimmen und veräussern müsse, damit der grösste Nuzen für den Regenten und den Staat dadurch entspringe, der durch das Forstregale möglich ist. Wer dies alles hinlänglich versteht, der ist forstgerecht, und wer es ausführt, ein guter Forstwirth.

§. 14. **Wissenschaftliche Ordnung** nenne ich: wenn die Heischesäze so nach einander folgen und vorgetragen werden, wie es die Natur der besten praktischen Ausführung mit sich bringet; denn die Natur der Sache weißt immer am besten den Weg, was zuerst, was hernach, und was zulezt gethan werden muß. Ich gründe daher am liebsten die wissenschaftliche Ordnung auf praktische Erfahrungen, und diesem Grundsaz suche ich auch in der Forstwirthschaft zu folgen.

§. 15. Wer ein Forstwirth werden will, der muß erst forstgerecht seyn; das ist:

Entwurf des Lehrgangs

er muß die Forstwissenschaft in wissenschaftlicher Ordnung studiren; dies geschieht, wenn er sich erst von allen Heischesäzen der Forstwissenschaft deutliche, und so viel als möglich ausführliche Begriffe sammelt, hernach aber dieselben unter Anleitung eines geschickten Forstwirths in praktische Uebung bringet.

§. 16. Das Studiren einer Wissenschaft in wissenschaftlicher Ordnung erfordert erstlich, **einen Lehrer**, der sie versteht, und in dieser Ordnung zu lehren weiß; zweitens, **ein Lehrbuch**, welches die Heischesäze im Umriß enthält, damit es dem Lehrer und dem Lehrling zum Leitfaden diene; und drittens endlich, **einen Lehrgang**, vermittelst welches zu bestimmten Stunden der Lehrer seinen Lehrlingen die Heischesäze des Lehrbuchs deutlich und ausführlich erklärt.

§. 17. Dies alles wende ich nun auf die Forstwissenschaft an; als Lehrer desselben hab ich hier ein Lehrbuch entworfen, in welchem ich die Heischesäze und Kenntnisse der Forstwissenschaft, nach wissenschaftlicher Ordnung, in kurzen Umrissen darstelle, um sie in den bestimmten Lehrgängen deutlich und ausführlich erklären zu können.

§. 18. Es ist sehr nüzlich, wenn der Lehrling gleich zu Anfang des Lehrgangs die ganze Wissenschaft mit einem Blick übersehen kann; denn er bekommt dadurch gleich Anfangs einen allgemeinen Begrif von den gehörigen Abtheilungen, nach welchen er in seinem Verstand und Gedächtniß nachher alle einzelne Begriffe ordnet; zugleich macht es Lust und Muth im Studiren, weil man Anfang, Mittel und Ende auf einmal im Auge hat.

§. 19. Daher entwerfe ich den Plan des forstwirthschaftlichen Lehrgangs, nach obiger Erklärung der Forstwissenschaft §. 13, und theile sie in zwei Haupttheile ab; der erste Haupttheil enthält die Lehren: wie man auf dem Forstregale, mit dem sparsamsten, aber zugleich zweckgemäsesten Aufwand, das mehreste und nüzlichste Gehölze erziehen; das erzogene aber warten, pflegen und schüzen müsse, damit der gröste, nüzlichste und immerwährende Ertrag dadurch erhalten werde. Dieser erste Haupttheil der Forstwirthschaft, welcher die Erwerbung des besten Ertrags betrift, heißt die Forstpflege.

§. 20. Der zweite Haupttheil der Forstwissenschaft enthält die Lehren: wie man nun den gewonnenen Ertrag an Gehölze, Pflanzen und Thieren bestimmen und veräussern müsse, damit der gröste Nuzen für den Regenten, und den Staat dadurch entspringe, der durch das Forstregale möglich ist. Diesen Haupttheil der Forstwirthschaft, welcher die Erwerbung des grösten reinen Ertrags in sich schließt, nenne ich die Forstnuzung. Daher entstehen also zwei Haupttheile.

1) Die Forstpflege,
2) Die Forstnuzung.

§. 21. Die Forstpflege zerfällt abermal in zwei Hauptstücke; das erste enthält die Lehren: wie man mit dem sparsamsten doch zweckmäsigsten Aufwand das mehreste und nüzlichste Gehölze erziehen müsse. Dies Hauptstück nenne ich die Holzzucht.

§. 22. Das zweite Hauptstück schließt die Heischesäze in sich: wie man das Erzogene warten, pflegen und schüzen müsse, damit der gröste, nüzlichste und immerwährende Ertrag dadurch erhalten werde. Dies Hauptstück will ich die Forsthut nennen.

§. 23. Die Holzzucht erfordert erstlich: hinlängliche Kenntnisse des Gehölzes.

der Forſtwirthſchaft. 11

Dieſe ſind wiederum zweifach: erſtlich, **allgemeine**, welche die Eigenſchaften des Holz-
pflanzenlebens betreffen, und **die Phyſiolo-
gie der Holzpflanzen** genennt werden;
und zweitens, **beſondere**, welche die Eigenſchaften jedes Holzgeſchlechts beſchreiben,
und in der **Forſtbotanik** erklärt werden.

§. 24. Zum zweiten erfordert die Holzzucht: daß man die mehreſten und nüzlichſten
Hölzer erziehe. Dieſe Erziehung iſt abermal
zweifach; denn ſie geſchieht entweder in der
Baumſchule, oder durch die **Waldſaat**;
daher der **Anflug**, welcher von fliegenden
Saamen, und der **Aufſchlag**, der von fallenden Saamen entſteht.

§. 25. Die **Forſthut** beſchüzt das Gehölze und übrige Forſtprodukte für Gefahr
und Frevel. Dieſen ihren erſten Theil nenne
ich den **Forſtſchuz**. Aber ſie ſichert auch der
Nachkommenſchaft einen guten Ertrag, durch
Anlegung der **Schläge** und **Gehaue**, oder
durch die **Forſtſicherung**.

§. 26. Die **Forſtnuzung** begreift die
Lehren in ſich: wie man den gewonnenen Ertrag **beſtimmen** und **veräuſern** müſſe,
damit der gröſte reine Ertrag herauskomme.
Dieſer Ertrag beſteht aber aus **Pflanzen**
und **Thieren**; daher theile ich die Forſtnu-

zung erstlich in die **Waldnuzung**, und zweitens in die **Jagd**.

§. 27. Die **Waldnuzung** bestimmt das Gehölze und andere Waldpflanzen, durch mannigfaltige Handarbeiten, zum Gebrauch der Handwerker, Fabriken und Manufakturen; daher entsteht ihr erster Theil, die **Forst-Technologie**, oder **Forst-Kunstwirthschaft**, deren Produkte der Forstwirth durch eine wohl eingerichtete **Forsthandlung** veräussern muß, welche wiederum Heischesäze erfordert, die den zweiten Theil der Waldnuzung ausmachen. Der dritte Theil begreift endlich die Lehre von der **Mastung**.

§. 28. Die **Jagd** theilet sich in die **Jagdkunst** oder **Jägerei**, und in die **Jagdwirthschaft**. Die erste gehört weder zu den Kameralwissenschaften, noch zur Staatswirthschaft; daher übergehe ich sie. Aber die Jagdwirthschaft, wie man die **Forstthiere am besten benuzen müsse**, ist ein Theil der Forstnuzung, und zerfällt in drei Theile: erstens, in die **Wildjagd**, welche die vierfüssigen Thiere betrift; zweitens, in den **Vögelfang**; und drittens, in die **Fischerei**.

§. 29. Damit man nun den ganzen Plan des Lehrgangs der Forstwirthschaft auf einmal übersehen könne, so folgt er hier in einer Tabelle:

Forstwirthschaft.

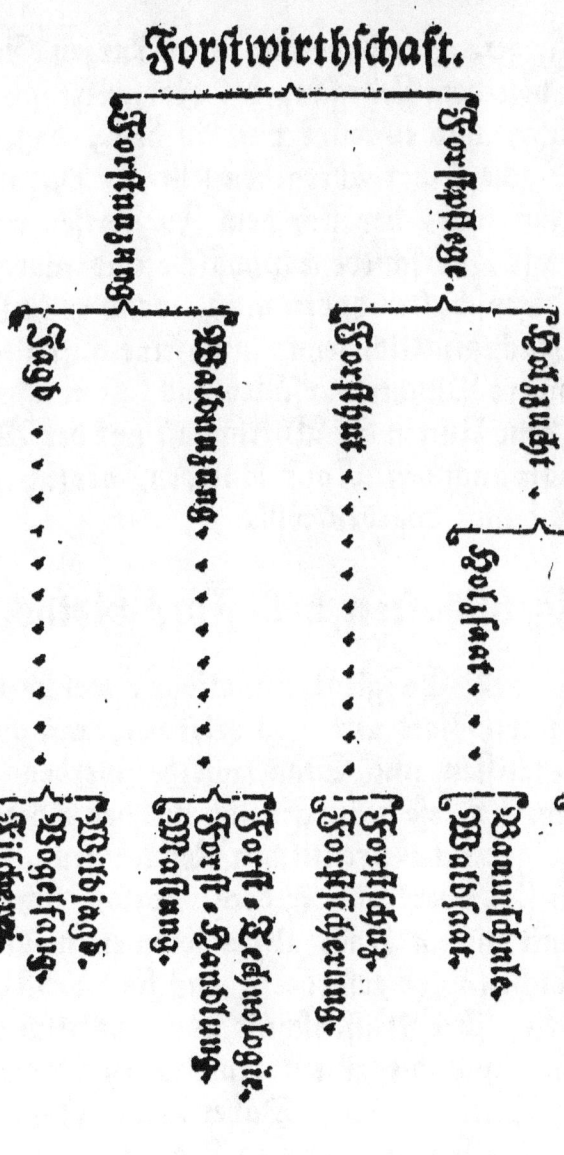

§. 30. Ich habe nun einen kurzen Entwurf von dem Lehrgang der Forſtwirthſchaft gemacht, und es wäre nun an dem, daß ich zur Sache ſelber übergehen ſollte. Da aber ein Jüngling, der ſich dem Forſtweſen widmen will, verſchiedene phyſiſche und moraliſche Eigenſchaften haben muß, wenn er in ſeinem Fach glücklich ſeyn, und ſeine aufhabende ſchwere Pflichten erfüllen will; ſo muß ich nach dem Umriß der Wirthſchaft und der Wiſſenſchaft auch den Mann ſchildern, der ſich mit Glück damit abgeben will.

Eigenſchaften des Forſtwirths.

§. 31. Es giebt Jünglinge, welche die Forſtwirthſchaft nur blos erlernen, um gute Kameraliſten und Staatswirthe werden zu können. Dieſe begnügen ſich mit der Theorie und allgemeinen praktiſchen Kenntniſſen. Es finden ſich aber auch andere, welche ſich in Zukunft dieſem Fach allein widmen wollen; von ſolchen wird erfordert: daß ſie, nebſt der Theorie, ihre Wiſſenſchaft auch praktiſch erlernen, und die einem Forſtwirth nöthigen Eigenſchaften haben. Daher theile ich meine Leſer oder Zuhörer in zwo Klaſſen: die erſte erfordert Eigenſchaften, die zu Erlernung

der Forstwirthschaft.

der Forstwissenschaft nöthig sind; die andere aber nebst diesen auch solche, die ten Forstwirth zu ihrer Ausübung geschickt machen.

§. 32. Daß sowohl der Kameralist als der Forstwirth die Schreib- und Rechenkunst verstehen müsse, bedarf keines Beweises. Da er aber auch alle Grundstücke messen, und in Risse zu bringen hat, auch dieselbe zuweilen in Schläge eintheilen muß; ferner, da das Würdern und Anschlagen des Holzes und der Baumstämme nach ihrem kubischen Inhalt oft geometrische und trigonometrische Kenntnisse erfordert, so folgt unwidersprechlich, daß ein jeder, der die Forstwissenschaft studiren will, erstlich die reine Mathematik erlernen müsse.

§. 33. Der Forstwirth muß wissen, wozu ein jedes Holz, sowohl nach einer innern Beschaffenheit als auch nach seiner äussern Figur, am füglichsten gebraucht werden kann; er muß daher alle die Künste und Handwerke kennen, denen das Holz ein Hauptmateriale ist; diese Kenntnisse nenne ich die Forst-Technologie. Da nun aber die bürgerliche und Maschinen-Baukunst das Gehölze zum Hauptmateriale haben, überhaupt Mechanik und Hydraulik ohne dasselbe nicht bestehen können, und diese vorzüglich die angewandte

Mathematik ausmachen, so ist klar, daß
diese der Forstwissenschaft eine unentbehrliche
Hilfswissenschaft sey, und also vorher studirt
werden müsse.

§. 34. Die Forstprodukte bestehen aus
Pflanzen und Thieren; sie sind entweder nüzlich oder schädlich; erstere müssen benuzt, die
leztere aber entfernt werden; beides ist unmöglich, wenn man sie nicht kennt. Da nun
die **Naturgeschichte**, die Kenntnisse aller
natürlichen Körper, mithin auch der Forstprodukte lehrt, so muß derjenige, welcher
Forstwirth werden will, sie gleichfalls gründ-
lich studiren.

§. 35. Der Forstwirth muß die Natur
in ihren Würkungen kennen; er muß wissen,
was die Elemente, die Sonne, die Atmos-
sphäre, das Klima, die verschiedene Erdarten u. s. w. für Würkungen auf die Holzpflanzen und Forstprodukte haben; in wiefern
durch diese oder jene Veränderung ihr Wachsthum befördert oder gehindert werde; nicht
weniger muß ihm das Geschäft der Natur im
Entstehen, Leben und Fortdauer der Pflanzen bekannt seyn; dazu ist ihm also auch die
Physik oder **Naturlehre** unentbehrlich.

§. 36. Vielerlei Produkte der Forst-
Technologie: z. B. Kohlen, Pech, Harz,
Kienrus,

der Forstwirthschaft.

Kienrus, Potasche u. s. w. werden durch chymische Handgriffe bereitet; wenn nun der Forstwirth diese Handgriffe nicht kennt, so handelt er in solchen Fällen blindlings, und muß sich den Arbeitsleuten überlassen, das ist aber unerlaubt; er muß derowegen auch die Grundsäze der **Chymie** innehaben.

§. 37. Daß der Forstwirth mit Nuzen sämtliche Kameralwissenschaften hören könne, erhellet aus folgenden Bemerkungen: Die Landwirthschaft enthält die Heischesäze des Säens, Pflanzens, Erndtens u. s. w.; aber eben diese Geschäfte fallen auch bei der Forstwirthschaft vor; sie ist eigentlich eine wilde Landwirthschaft.

§. 38. Die Forst-Technologie begreift schon für sich einen grosen Theil Handwerker und Künste in sich, aber auch die übrigen Fabriken und Manufakturen brauchen durchgehends sowohl rohe als zubereitete Forstprodukten; es ist daher dem Forstwirth sehr dienlich, wenn er die **allgemeine Technologie** studirt.

§. 39. Der Forstwirth soll seine Produkten in Magazine ordnen, und daselbst zum Verkauf bewahren, hernach auch damit Handel treiben: dazu wird aber Kenntniß der

Handlung erfordert, und diese gewähret ihm der Lehrgang der Handelswissenschaft.

§. 40. Die Staatswirthschaft ist ihm als einem Staatsbedienten nöthig, weil er wissen muß, was dem Staat überhaupt nüzlich und was ihm schädlich ist, um auch in seinem Theil zur allgemeinen Glückseligkeit mitwürken zu können. Eben so verhält sichs mit der Polizei- und Finanzwissenschaft. Da er aber ein berechnetes Amt hat, auch öfters Bericht abstatten muß, so sind ihm vorzüglich das Rechnungswesen und die Referirkunst unentbehrliche Wissenschaften.

§. 41. Alle bisherige Eigenschaften hat er mit dem Kameralisten gemein; nun folgen noch besondere Erfordernisse, die ihm vorzüglich nöthig sind. Wenn er sich auf der Hohen Schule eine gute Theorie erworben hat, so ist er noch nicht zu seinem Amt geschickt; er muß sich nun bei einem erfahrnen Forstmann durch eine beständige Uebung vervollkommnen.

§. 42. Weil ein rechtschaffener Forstwirth zu allen Jahrszeiten im Wald herumstreichen muß, so soll er nicht zärtlich von Natur seyn, sondern seinen Körper durch ein mäßiges, nüchternes und arbeitsames Leben zu seinem Beruf abhärten; es muß seine gröste Lust seyn, im Wald herumzustreichen; wer nicht gut aus dem Haus kommen kann, wem es bald zu warm, bald zu kalt ist, der schickt sich zum Forstbedienten nicht.

§. 43. Der Forstwirth muß in seinem Amt, wo es so sehr auf geprüfte Treue, auch in den geheimsten und kleinsten Handlungen, ankommt, das zarteste Gefühl von Recht und Pflicht haben, besonders da ihm so vieles anvertraut wird, wovon allein der Allwissende Rechenschaft fordern und seine Handlungen beurtheilen kann.

§. 44. Die Forstgerechtigkeit bestimmet alle Rechte und Freiheiten, welche der Eigenthümer vom Forstregale zu genießen hat, und sezt dem Genuß desselben seine gehörigen Gränzen. Da nun der Forstwirth dies Regale im Namen seines Herrn verwaltet, so muß er die Forstgerechtigkeit genau kennen, und sie gegen Einheimische und Nachbarn sorgfältig beobachten.

§. 45. Die Forstordnung ist eine Sammlung von Verordnungen und Gesezen, welche dem Forstwirth vorschreiben, wie er sich in seiner Verwaltung verhalten soll, und auf welche er vereidet wird; diese muß er ebenfalls genau wissen, und sein Betragen ganz darnach einrichten; sollte etwas darin enthalten seyn, das den besten Heischesäzen der Forstwirthschaft entgegen liefe, so muß er sich Verhaltungsbefehle ausbitten. Uebrigens aber soll er auch da, wo die Forstordnung nicht ausdrücklich bestimmt, das Beste seines Herrn besorgen.

§. 46. Zuweilen wird dem Forstwirth bei seiner Bestellung eine besondere Instruktion gegeben, welche gewisse Umstände näher als die Forstordnung bestimmt; sollte in derselben ein und anders nicht auf die besten Heischesäze der Forstwirthschaft gegründet seyn, so muß der angehende Forstwirth Vorstellungen dagegen machen, und die schädlichsten, unvollkommenen und unbestimmten Punkten abändern, oder sich eines Bessern belehren lassen.

Von der Forstpflege.

Erster Abschnitt.
Von der Physiologie der Pflanzen.

§. 47.

Der Zweck der Forstwirthschaft erfordert: daß der Ertrag des Forstregals so hoch getrieben werde als nur möglich ist; daher ist gewiß, daß die Anpflanzung, Wartung und Pflege des Gehölzes so geschehen müsse, damit man in der kürzesten Zeit zum mehresten, besten, und je nach seiner Art vollkommensten Holz, gelangen möge.

§. 48. Wenn man den geschwindesten Wachsthum, die Vermehrung und die physische höchste Vollkommenheit der Pflanzen befördern will, so muß man wissen, was diesen Wachsthum, diese Vermehrung und diese Vollkommenheit hindert, und was ihr zuträglich ist; dazu wird aber eine Kenntniß der innern und äussern Theile der Pflanzen, ihrer Würkungen und Verrichtungen, ihres Entstehens, Lebens und Aufhörens, und endlich auch der Würkungen äuserer und zufälliger Dinge auf dieselben erfordert, und dies alles zusammen lehret die Physiologie der Pflanzen.

§. 49. Weil dem Forstmann obliegt, die Erziehung des Holzes auf die beste Art zu besorgen, so muß er den Theil der Pflanzenphysiologie, welcher die Forstgewächse betrift, vorzüglich kennen; er muß die allgemeinen Eigenschaften der Holzpflanzen nach ihrer innern und äussern Beschaffenheit, nach ihrer Geburt, Leben und Tod kennen, und so viel als möglich ist, deutliche Begriffe davon haben; das ist, er muß die Physiologie der Holzpflanzen verstehen.

§. 50. Die Holzpflanzen bestehen nach ihrer allgemeinen Eintheilung aus Bäumen und Sträuchern, oder nach einer andern Lehrart, aus Bäumen, Sträuchern und Stauden, oder auch aus Bäumen, ganzen und halben Stauden. Dieser Unterschied gründet sich nur blos auf die Gestalt. Ein Baum treibt aus seiner Wurzel einen einfachen Stamm in die Höhe, der sich in einer gewissen Entfernung in eine ästige Krone zertheilt. Ein Strauch oder eine ganze Staude ist ein Baum ohne Stamm, so, daß die Wurzel unmittelbar Zweige treibt, oder doch der Stamm bald über der Erde seine Krone bildet. Eine halbe Staude ist ein

der Holzpflanzen.

kelner Strauch. Bäume und Buschholz sind sehr bequeme Benennungen.

§. 51. Alle diese Holzgewächse aber kommen in ihren wesentlichen Bestandtheilen überein, welche zweierlei, fest und flüssig sind. Diese festen Theile sind: 1) das Mark, welches sich in der Mitte des Holzes befindet; 2) das Holz, welches aus einem harten, festen und dauerhaften Gewebe bestehet; 3) der Splint ist das aus dem Bast in Holz sich verwandelnde Gewebe; 4) der Bast trennt sich jährlich von der Rinde ab, und wird Splint; 5) die Rinde, welche die Haut des Baums ausmacht, und deren innere Lage jährlich zu Bast wird; 6) das Oberhäutgen, welches dünn ist, und zu äusserst die Rinde überzieht. Diese sechs Theile liegen um- und aufeinander, das Mark oder der Kern ist in der Mitte, diesen umgiebt das Holz, um dasselbe her liegt der Splint, diesen überzieht der Bast, welchen die Borke bedeckt, und diese ist endlich mit dem Oberhäutgen überzogen.

§. 52. Obige sechs Theile unterscheidet man deutlich an der ganzen Holzpflanze, von der kleinsten Wurzel an bis ins kleinste Aestgen, doch mit dem Unterschied, daß in den kleinsten Wurzeln oder Zasern die Rinde, in den grössern Wurzeln, im Stamm und in den

Aesten das Holz, in den kleinsten Aestgen aber das Mark gegen die übrigen Theile das gröste Verhältniß habe.

§. 53. Alle diese festen Theile bestehen ursprünglich aus einfachen Fasern, und aus einem zähen klebrichten Saft oder Leim, welcher nicht nur die Grundtheilgen der Elementarfaser, sondern auch die Fasern unter sich verbindet. Aus diesen Fasern, welche lang ohne merkliche Breite sind, werden Blättgen, wenn viele neben einander gefügt sind; gröbere Fasern aber, wenn sie bündelweis zusammen gesezt werden. Durch Verbindung vieler Blättgen werden Häutgen, Bläsgen und Röhrgen; alles dieses aber durch einander, mit Fasernbündeln zusammen geflochten und verwebt, macht jene festen Theile aus.

§. 54. Das Mark ist ein zelligtes Gewebe, welches aus vielen Reihen der allerfeinsten Bläsgen besteht, die mit noch feinerm Mark ausgefüllt sind; es hat eben den innern Bau wie das zelligte Gewebe der Rinde, und besteht aus nezförmig in einander geflochtenen Fasern. Vermög seiner Schlauchreihen hängt es mit dem zelligten Gewebe der Rinde zusammen, und kann also vermittelst dieser Werkzeuge aus der Rinde seine Nahrung empfangen; woher denn auch diese beiden Theile, das Mark und die Rinde, zusammen vereiniget sind.

§. 55. In dem Mark bestehet das Leben und Wachsthum der Pflanzen, es fängt im zärtesten Wurzelkeim an, geht durch die ganze Pflanze durch, bis in die Blüthe; und der Saame hat, so zu sagen, ein abgesondertes Stücklein Marks der Mutterpflanze, welches wiederum zum Werden und Leben der jungen Pflanze dient. Es hat seinen eigentlichen Siz in der Achse des Holzes, hängt aber doch, wie oben gemeldet, durch Schlauchreihen überall mit der Rinde zusammen.

§. 56. Das Mark hat die Eigenschaft, wenn es ordentlich genährt und nicht gehindert wird, sich ins Unendliche zu vermehren, und wo es den Widerstand überwinden kann, sich auszudehnen; daher kommt es auch, daß die Holzpflanzen nahe an der Erde gemeiniglich das Mark übermannen und verdrängen; daselbst empfängt die Rinde den Saft häufig, das Holz wird als ein festerer Körper stärker genährt, so, daß also das Mark da zusammengedrückt, und endlich fast gar verdrängt oder verwandelt wird.

§. 57. Aber je höher die Pflanze steigt, je mehr überwindet das Mark den Widerstand des Holzes und der Rinde, sein Verhältniß nimmt so zu, wie es bei den umgebenden Theilen abnimmt, bis es endlich überall durchbricht, Knospen, Blätter, Blühten, Früchte und Saamen hervortreibt. Aus allem diesem ist nun klar, daß von dem Mark vorzüglich wegen seiner ausdehnenden und sich vermehrenden Kraft, der eigentliche Wachsthum der Pflanzen abhange.

§. 58. Das Mark ist nicht einerlei bei allen Pflanzen, sowohl was die innerliche Beschaffenheit, als auch das Verhältniß der Menge desselben gegen die andern Theile betrift. Von der innern Beschaffenheit muß die Geschlechtsart, wie es mir vorkommt, abhangen, wo nicht ganz, doch zum Theil. Die Verschiedenheit des Verhältnisses lehrt der Augenschein: im Hollunder, z. B., ist dem Verhältniß nach mehr Mark als in der Eiche.

§. 59. Wie in Holzgewächsen das Mark von Jahr zu Jahre ab- die andern Theile aber zunehmen, das kann man an den jungen Schossen beobachten: das erste Jahr ist der Trieb oder die Sommerlatte, wenn man sie quer durchschneidet, fast lauter Mark. In diesem Zustand ist es weich, saftig-grün, die Holzlage um selbiges her ist ein weicher Splint, und die Rinde ist zart, wie an einem Kraut. Nach und nach verhärtet sich das Holz, be-

der Holzpflanzen.

kommt jährlich neue Lagen oder Ringe; und wie dies geschieht, so verengert sich das Mark, so, daß es bei einigen Hölzern früher, bei andern später ganz ausgeht.

§. 60. Die Vermehrung des Marks rühret zwar vom Zufluß der Nahrungssäfte her, welchen es von der Rinde empfängt, und seine ausdehnende Kraft von der Sonnenwärme. Allein, es bleibt doch immer noch ein Geheimniß, worin die Kraft der Verähnlichung bestehe, vermög welcher es die Nahrungstheile in seine Natur umschaft; und endlich ists noch das grösse Wunder, wie vermittelst dieser blasigten Substanz und durch welchen Mechanismus Blüthen, Früchte, Saamen und Knospen gebildet werden können.

§. 61. Das Holz umgiebt zunächst das Mark, und ist eigentlich derjenige Theil der Holzpflanzen, welcher bei dem Forstwesen den wichtigsten Ertrag ausmacht. Ich habe oben §. 53 gesagt, daß alle festen Theile der Pflanzen ursprünglich aus zarten Fasern bestehen, welche durch Zusammensezung gröserer Fasernbündel, Blättgen, Häutgen, Bläsgen, Röhrgen u. s. w. sich bilden. Alle diese Werkzeuge werden durch Verbindung ihrer Grundtheile, vermittelst eines Leims, sowohl selbst, als auch untereinander vereinigt.

§. 62. Die wässerigte Feuchtigkeit macht den Leim weich, und, wenn ihr Verhältniß gros ist, sogar flüssig. Da nun die ganze Festigkeit der Pflanzentheile von diesem Leim abhängt, so ist leicht zu ermessen, daß diese Theile um so viel weicher seyn müssen, je mehr die Feuchtigkeit in sie eindringen kann; hingegen um so viel härter, als ihnen die Feuchtigkeit entzogen wird.

§. 63. Wenn daher den Pflanzentheilen der Saft entgeht, und sparsam in sie eindringen kann, so verhärten sie, und werden Holz. Eine Pflanze, deren Röhren und Bläsgen, oder überhaupt deren Gewebe locker ist, so, daß der Saft immerfort in ihre innerste Zusammensezung bringen kann, ist weich, und wenn es eine Holzpflanze ist, so hat sie weiches Holz. Hingegen, wo das Gewebe dicht, die Gefässe und Bläsgen klein sind, da entsteht festes und hartes Holz.

§. 64. Das Holz wächst und vermehrt sich an einem Baum, der noch im Wachsthum steht, nicht durch eine innere Ausdehnung und Ansezung neuer Nahrungstheilgen, sondern durch eine neue Holzlage, welche Splint genennt wird. Wenn im Herbst wegen Mangel der Wärme die Safträhren enger werden, der Saft also zurücktritt, so zieht sich die Rinde zusammen; dies geschiehet den Winter über in der Kälte noch stärker; was also dem Holz am nächsten ist, nämlich der klebrige Bast, verhärtet sich allmählig und wird Splint.

§. 65. Wenn im Frühling die Wärme wiederkommt, und die Saftgefäße wieder ausdehnt, so ist natürlich, daß sich die äussersten in der Rinde am mehresten ausdehnen müssen, die innersten aber am wenigsten; denn erstlich ist äusserlich weniger Widerstand, fürs zweite, sind diese Theile noch weich, und drittens sind sie auch der Wärme am mehresten ausgesezt; daher ist klar, daß bei diesem neuen Antrieb des Safts die äussersten Theile der Rinde sich am mehresten ausdehnen, entwickeln, und neue Rindenlagen ansezen müssen.

§. 66. Bei diesen Umständen können nun diejenigen Theile, welche im vorigen Winter vertrocknet und voriges Jahr noch Bast waren, nicht mehr so viel Saft einnehmen, als damals; ihr Vertrocknen nimmt also zu, sie nähern sich der Holznatur, und heisen im ganzen Umfang des Baumes Splint. Was aber voriges Jahr Splint war, wird nun durch den Ueberzug von neuem Splint noch mehr zusammen gedrängt, und des Zuflusses von

Nahrungssaft beraubt, folglich wird dieses noch holziger, bis es endlich nach und nach in wahres und festes Holz verwandelt wird.

§. 67. Zwischen dem Holz von zweien auf einander folgenden Jahren liegt allemal eine Holzlage, welche sehr zusammengedrückt, daher fest und dicht ist; diese zeichnet sich durch eine dunklere, oft auch hellere Farbe aus, so daß, wenn man den Stamm quer durchschneidet, lauter fast zirkelförmige Ringe erscheinen, welche Jahrringe genennt werden. Ein solcher Ring entsteht wahrscheinlich aus dem starken Druck, welcher im Frühjahr auf das Splint geschieht, wenn der Saft häufig durch die Rinde in die Höhe steigt, und dieselbe in die Breite ausdehnt.

§. 68. Nicht weniger wahrscheinlich ists, daß der Ring folgendergestalt entstehe: Zwischen dem Bast und dem Splint sammelt sich den Sommer über eine klebrigte Substanz, und zwar bei einer Holzart mehr, bei der andern weniger; bei dem Nadelholz geschieht es am stärksten. Wenn nun im Herbst der Saft zurück bleibt, so vertrocknet dieser Leim. Den Winter über verhärtet er, und so entsteht der dichte Ring. Diese Meinung scheint mir die gewisseste zu seyn; vielleicht aber vereinigt sich beides zusammen zu dieser Würkung.

§. 69. Wenn ein Baum frei von der Sonne beschienen wird, und sonst die Umstände die Sache nicht verändern, so werden vom ersten Entstehen des Baums an, bis an sein Ende, die Theile, welche gegen Mittag stehen, von der Wärme stärker ausgedehnt als diejenigen, welche sich gegen Mitternacht befinden, daher ist der halbe Durchmesser des Stamms, vom Mittelpunkt des Marks an, auf der Mittagsseite gröser als auf der Mitternachtseite, und dort sind die Jahrringe weiter von einander als hier. Wenn ein Baum aber immer beschattet wird, oder wenn der Trieb des Wachsthums auf einer Seite stärker ist als auf der andern, so ist sich auf diese Richtung der Ringe gegen die Weltgegenden gar nicht zu verlassen.

§. 70. Das jährliche Verwandeln des Splints und Entstehen neuer Ringe fängt mit dem Keim des Bäumgens an, und dauert fort bis der Baum nicht mehr wächst. Ein überständiges Holz sezt aber wenigstens am Stamm keine Jahrringe mehr an, oder sie sind doch so dünn, daß sie nicht mehr kenntbar sind. Der Wachsthum gehet alsdann in die kleinen Aeste. Wenn also ein Baum noch im Wachsthum ist, und er wird gefällt und durchschnitten, so kann man an den Ringen das

Alter des Baums abzählen, doch muß man 5 bis 6 Jahre hinzusezen, weil man die Ringe, welche der Baum in seinen ersten Jahren macht, nicht mehr erkennen kann; ist er aber weit überständig und sehr alt, so ist auf die Zahl der Ringe nicht mehr zu gehen. Wenn man einen Baum am Wurzel-Ende absägt, ihn dann glatt hobelt, so kann man die Ringe am deutlichsten unterscheiden.

§. 71. Der Bast ist der innere Theil der Rinde: er besteht mit ihr aus einerlei zelligten Gewebe von Fasern, Bläsgen und Saftröhren. Wenn im Frühjahr der neue Saft durch die Rinde aufsteigt, so schwillt sie auf, der Splint vom vorigen Jahr ist aber schon zu hart, als daß der Saft so häufig sollte hinein bringen können; folglich werden die innersten Lagen der Rinde durch die Ausdehnung fest an den Splint angedrückt, mithin glatt. Sogar sondert sich zu dieser Zeit die Rinde vom Holz ab, weil der Saft auf dem Splint gröstentheils umkehrt, nicht ganz hineindringen kann, sich daselbst sammelt, gegen den Herbst zäh, im Winter zum harten Leim wird, und so den Bast mit dem Splint verbindet.

§. 72. Die innere glatte häutige Lage der Rinde ist also der Bast; er wird den Sommer über durch starke Nahrung dick und

schwam-

schwammig; wenn er nun im Winter an den Splint fest angeleimt worden, und im Frühjahr der neue Saft durch die Rinde hinaufsteigt, so kann er den vorjährigen Bast nicht mehr so stark durchdringen, vielweniger vom alten Splint abtrennen, wie vorm Jahr. Daher bleibt er sizen, der alte Splint wird Holz, der alte Bast wird Splint, und auf diesem entsteht nun wieder ein neuer Bast.

§. 73. Die Rinde umgiebt den Bast, sie ist ein schwammigtes lockeres Geweb, welches aus lauter Zellen, Bläsgen, Faserbündeln, grosen und kleinen Saftröhren besteht. Alle diese Theile sind mit einem groben markigten Wesen durchwebt, welches die ganze Substanz des Holzes vermittelst unzählbarer Schlauchreihen durchdringt, und solchergestalt mit dem innern feinen Mark zusammenhängt, und also das innere, mittlere und äussere mit einander vereiniget.

§. 74. In der Jugend ist die Rinde zäh, biegsam und einer Haut ähnlich; da sie aber ihre äussere Lagen nicht durch neuen Zuwachs vermehrt, sondern nur inwärts jährlich neuen Bast ansezt, dabei der Baum immer an Dicke zunimmt, so muß sich die Rinde von Jahr zu Jahr mehr und mehr ausdehnen; nun wird sie aber immer härter und spröder, je älter sie wird, folglich bekommt sie endlich Risse, welche mit den Jahren tiefer und gröser werden, woher denn auch die runzlichte Gestalt groser Bäume entsteht. Diese Borsten in der Rinde sind der Siz von allerhand Baumkrankheiten.

§. 75. Endlich überzieht das Oberhäutgen zu alleräusserst alle diese Theile; es besteht aus lauter zusammengeleimten Blättgen, welche vermuthlich aus dem ausgeschwizten und an der Luft verhärteten gummigt=harzigten Wesen des Baumsafts entstehen, daher es auch, wenn es abgeschält wird, sich bald wieder ersezt; man sieht es sogar, wie die Rinde daselbst überall austrocknet, und ein neues Oberhäutgen anlegt.

§. 76. Die ersten flüssigen Theile in den Holzpflanzen sind nicht mancherlei; alle haben einen rohen Saft, der anfänglich in allen fast einerlei ist, aber alle haben auch einen eigenen Saft, der ein Geschlecht vom andern unterscheidet, und jedem eigen ist. Wenn man im Frühjahr von verschiedenen Bäumen die Rinde abschält, so findet man zwar einen Unterschied in ihren Säften; aber dieser rührt gröstentheils von dem verfertigten Saft der Pflanzen her, welcher sich von der Wurzel an schon zugemischt hat.

§. 77. Weil verschiedene Pflanzen aus

einerlei Boden höchstwahrscheinlicher Weise auch beinahe einerlei Nahrung ziehen, so ist daraus begreiflich, daß die Verwandlung der allgemeinen Pflanzennahrung, in die karakteristischen Säfte des Pflanzenkörpers, durch gewisse Werkzeuge in der Pflanze bewerkstelliget werde. Durch die Fäulung werden alle Körper im Thier- und Gewächsreich in ähnliche Theile zerlegt. Wasser, Erde, ein flüchtig-salzigtes und öligtes oder brennbares Wesen, sind, so zu sagen, das allgemeine Edukt der Fäulung, und hinwiederum die allgemeine Pflanzennahrung, sie sind die allgemeinen Bestandtheile des ersten Safts.

§. 78. Der eigene besondere Saft der Pflanzen ist in jedem Geschlecht sich selbst ähnlich, aber von den Säften aller andern Geschlechte verschieden; daher muß eine jede Pflanze eines Geschlechts mit jeder andern desselben Geschlechts einerlei Bau haben; es müssen im Pflanzenkörper Werkzeuge seyn, welche vermögend sind, gewisse Theile des Safts abzusondern, und aus diesem Abgesonderten neue zusammen zu sezen, und dies auf eine so mannichfaltige Art, als die Pflanzengeschlechter mannichfaltig sind.

§. 79. Von diesem karakteristischen Saft der Pflanzen hängt nun aller Geruch und Geschmack, vielleicht auch ein groser Theil der Farbe des Gewächses ab. Den Geruch haben vorzüglich die Blühten, zuweilen auch die Blätter, seltener das Holz. Daraus ist klar, daß die Blühten besondere Werkzeuge haben müssen, welche das flüchtige und riechende Wesen absondern. Der Geschmack liegt mehrentheils in den Früchten, selten in andern Theilen der Holzpflanzen; jene müssen daher auch Werkzeuge haben, welche die spezifischen Geschmacktheilgen absondern, nach ihrer Art zusammensezen, und die überflüssigen Theile wieder aussondern.

§. 80. Der eigene Saft der Pflanzen ist aber auch in einer und derselbigen nicht einerlei: der Kirschbaum schwizt ein Gummi aus, welches vom Saft der Kirschen ganz verschieden ist, so wie sich dieser mit dem Saft der Blätter gar nicht vergleichen läßt. Dieser Beispiele hat man ungemein viele, aber alle diese besondern Säfte sind doch Erzeugungen des eigenen Safts, wie er von der Wurzel an aus dem Allgemeinen nach und nach zu seinem Zweck ausgebildet und zubereitet worden ist.

§. 81. Die Bestandtheile des allgemeinen Nahrungssafts habe ich oben angezeigt. Wenn man nun durch die Scheidekunst und andere Versuche die Pflanzen zerlegt, so erhält man gewisse Bestandtheile wieder, die aber von den erſten ſehr verſchieden ſind. Waſſer und Erde bleibt was es war, aber anſtatt eines flüchtigen alkaliſchen Salzes, welches aus verfaulten Thieren und ihrem Miſte entſteht, und anſtatt des ſtinkenden Oels, das damit vermiſcht war, bekommt man zwar auch Salz und Oel wieder, aber äuſſerſt verändert und verſchieden, und in einem Pflanzengeſchlecht anders als im andern. Aus dieſem allem iſt nun klar, daß die Elementen der Pflanzennahrung Waſſer, Erde, Oel und Salz ſeien, daß auch der eigene ſpezifiſche Saft der Pflanzen daraus beſtehe, nur daß das Oel und Salz durch den Organismus derſelben ſo vielfältig modifizirt werde, als vielerlei Pflanzengeſchlechter es giebt.

§. 82. Alle Holzpflanzen haben nun auch ihre äuſſere Theile, welche aus obigen feſten und flüſſigen beſtehen. Als da ſind: 1) die Wurzel, welche aus der Herzwurzel, Pfahlwurzel und ihren Zweigen beſteht; 2) der Stamm oder Schaft an den Bäumen; 3) die Aeſte an Sträuchern, Stauden, und an der Krone der Bäume; 4) die Blätter an den Aeſten; 5) die Blühten; 6) die Früchte und Saamen. Alle dieſe Theile haben bei dem Pflanzenleben ihren beſtimmten Nuzen.

§. 83. Nachdem ich alle innere und äuſſere feſte und flüſſige Theile beſchrieben habe, so gehe ich nun zum Pflanzenleben selbst über. Dies besteht darin: daß der rohe Nahrungs=saft in die Pflanze eingesogen, allen Theilen derselben zugeführt, und durch die natürlichen Werkzeuge zu seinen verschiedenen Zwecken zubereitet werde. Dadurch erhalten die festen Theile ihre Kraft und das Vermögen, sich zu entwickeln, zu ihrer bestimmten Vollkommen=heit zu gelangen, und endlich den Endzweck ihres Daseyns, die Fortpflanzung ihres Ge=schlechts zu bewerkstelligen.

§. 84. Wenn ich das Pflanzenleben or=dentlich beschreiben will, so muß ich mit dem ersten Entstehen anfangen. Die Fortpflan=zung der Pflanzen geschieht auf zweierlei Wei=se, entweder durch einen lebendigen Keim, oder durch den Saamen. Ein lebendiger Keim kann entweder an der Wurzel eines Baums hervortreiben und zum Baum werden, oder man kann ihn auch abnehmen und in die Erde verpflanzen, wie es mit gewissen Hölzern vor=theilhaft geschieht; doch sind beide Arten ei=gentlich nicht die Methode der Natur. Wenn ihr das Reich der Holzpflanzen überlassen bleibt, so pflanzet sie gewöhnlich durch den Saamen fort.

§. 85. Ein fruchtbares Saamenkorn ist ein organischer Körper, welcher einen Keim der zukünftigen Pflanze in sich enthält; dieser Keim aber liegt in einem markigten Wesen verborgen, welches, wenn es im Wasser aufgelöst und durch eine Art von Gährung verdünnt wird, der entstehenden Pflanze die erste und bequemste Nahrung unmittelbar darbeut. Wenn man diesen Kern untersucht, so findet man, daß er mehr oder weniger ölig ist, und daß dieses Oel vermittelst eines sauern Salzes in eine seifenartige Masse verwandelt worden; woher es denn sehr wahrscheinlich wird, daß die wahre eigentliche Pflanzennahrung vorzüglich im Oel bestehe, daß das zugemischte Salz nur darum da sei, damit sich das Wasser mit dem Oel vermischen könne, und daß also das Wasser und Salz nur Hülfsmittel zur Nahrung seien.

§. 86. Wenn ein Saamkorn in die Erde gebracht wird, welches bei einigen Pflanzen früher, bei andern später geschehen muß, je nachdem sich das Saamenmark lang hält, ohne zu verderben; so bringt die Feuchtigkeit durch die Dunstlöcher der Häute hinein; vermög der salzigten Natur des Saamenmarks nimmt es diese Feuchtigkeit an, wird nach und nach flüssig, und vermög seiner öligten Natur entsteht eine Saamenmilch, welche genau die Nahrungstheilgen der jungen Pflanze in gehörigem Verhältniß enthält. Der Keim wird also frei, indem er nunmehr in einem flüssigen Wesen schwimmt, sein Wurzel-Ende zieht alle Nahrung des Saamenkorns an sich, dessen Hülsen zertheilen sich, und nun geräth das kleine Würzelchen in die blose Erde.

§. 87. Jezt fangen die kleinen Zäsergen an, unmittelbar aus der Erde Nahrung zu ziehen, sie sezen sich in den Zwischenraum der Erde fest, kriechen darin fort, und wie die Wurzel nunmehr stärker Nahrung zieht und stärker wächst, so wird auch der Keim stärker genährt, er schießt auf, richtet sich in die Höhe, und stößt die Saamhülsen von sich; nun ist er eine würkliche Pflanze. Bei dem Holz, welches fliegenden Saamen trägt, gehört er nunmehr zum Anflug, bei den fallenden Saamen aber zum Anschlag.

§. 88. Die Holzpflanze hat in diesem ihrem ersten Zustand eine Wurzel, ein Stämmgen, und ein oder mehrere Herzblätter. Diese Stücke sind zum Pflanzenleben unumgänglich nöthig: die Wurzel treibt ihrer Natur nach unter sich; die Hauptwurzel, aus welcher unmittelbar der Stamm hervortritt, heißt die Herzwurzel. Wenn sie auf ihrem Weg in den Boden hinein nicht gehindert wird, so treibt sie bei den mehresten Holzarten eine

Pfahlwurzel, welche auf allen Seiten Keime ausstößt, eben so wie oben der Stamm die Aeste; diese kriechen durch die Erde umher, und werden Seitenwurzeln, diejenigen aber, welche oben in der Oberfläche herumstreichen, heissen Thau- oder Tagwurzeln; findet aber die Herzwurzel unter sich Steine, Felsen, oder sonst harten Grund, daß sie ihn nicht durchbohren kann, so zertheilt sie sich in lauter Seitenwurzeln.

§. 89. Die ganze Wurzel saugt den Saft aus der Erde in sich; dieser besteht aus Wasser, in welchem sich die salzigten und öligten Theilgen, mit etwas Erde vermischt, aufgelöst haben, so wie sie aus der Fäulniß der Gewächse und Thiere entstanden und verfeinert worden sind. Man weiß noch nicht gewiß, ob die Wurzel blos mit ihren äussersten Spizen den Nahrungssaft einsauge, oder ob solches durch die Dunstlöcher auf der ganzen Oberfläche der Rinde zugleich mit geschehe? Dies leztere ist aber daher wahrscheinlich, weil man sonst nicht begreifen könnte, wie es möglich wäre, daß eine so kleine Anzahl Fasern eine solche grose Menge Saft in den Stamm eines Baums sollte hinein führen können, obgleich die Blätter auch vieles einsaugen.

§. 90. Die Wurzel hat übrigens in Ansehung ihrer innern Struktur nichts besonders vor andern Theilen des Baums; sie hat in allen ihren Zweigen in der Axe Mark, um daſſelbe her Holzringe, Splint, Baſt, Rinde und Oberhäutgen. Hieraus erhellet, daß ſie eben ſo durch Anſezen neuer Holzringe dicker werde, wie auch der Stamm und die Aeſte; und daß auch die Rinde nur das ſaftführende oder nährende Werkzeug der Wurzel ſei. Die Wurzel treibt auch Knoſpen wie die Krone des Baums. Wenn ſie unter der Erde fortwachſen, ſo werden es Seitenwurzeln, oder auch ſchädliche Waſſerwurzeln; wenn ſie aber an den Tagwurzeln hervorkeimen, ſo werden ſie entweder Stammlohden oder Waſſerlohden.

§. 91. Wenn das Verhältniß des Marks gegen die Feſtigkeit der Holzlage, welche es im zarteſten Pflänzgen umgiebt, zu groß iſt, oder wenn das Mark ſtärker treibt, als der Widerſtand dieſer Holzlage aushalten kann, oder endlich, wenn die Schlauchreihen ſtark und treibend ſind, ſo erzeugt ſchon die Herzwurzel, oder doch das Stämmgen, gleich im Anfang Knoſpen; folglich wird das Gewächs von der Erde an äſtig, mithin eine Staude; iſt das Holz aber gleich von Beginn an ſtark genug, dem Trieb des Marks zu widerſtehen, ſo gehet nur dieſer Trieb aufwärts, und treibt einen einfachen Stamm, woraus hernach Oberholz oder Stammholz wird. Würde aber der Schuß gleich Anfangs abgebissen, so, daß das Mark nicht wohl überwärts treiben kann, so gehet er ebenfalls seitwärts, und es wird auch aus einer Holzpflanze eine Staude, die sonst gewohnt ist ein Baum zu werden.

§. 92. Sobald an den Bäumen der Trieb des Marks gegen alle Seiten, oder in den Schlauchreihen das Holz überwältigen kann, welches in der Höhe des Stammes geschieht, wo der Zufluß der Nahrung am schwächsten ist, so bohrt es sich durch die Rinde durch, schiebt die Fasern des Holzes, des Splints, des Basts und der Rinde mit sich fort, und bildet ein Aug, welches ein Blatt treibt, und sofort einen Ast, der mit dem Stamm von gleichem Bau ist, so, daß er wieder Augen und Aeste treiben kann, und auf eben die Weise wächst.

§. 93. Die Blätter zeigen sich gleich anfangs bei den Holzpflanzen, weil sie ein sehr nöthiges Werkzeug des Pflanzenlebens ausmachen. Wenn das Mark durch die Rinde hervorbricht, um einen Knospen zu bilden, so werden die aufsteigenden Saftröhren, Fasernbündel und Bläsgen durch diesen Trieb durchbrochen, und in ihrer Richtung gehemmt;

sie folgen also dem Trieb unterwärts nach, und sobald sie heraus in die freie Luft kommen, so wird der Bast zur innersten Oberfläche des Blatts, das zelligte Geweb der Rinde macht die innerste zelligte Substanz aus, das Oberhäutgen bildet die unterste Oberfläche, die Fasernbündel aber geben die Rippen des Blatts ab.

§. 94. Der Nuzen der Blätter ist mannichfaltig: der vornehmste aber ist, die überflüssigen Nahrungstheilgen durch die Ausdünstung wegzuschaffen; dieß geschieht auf der innern und gewöhnlich aufwärts gerichteten Oberfläche, und dagegen mit der unterwärts gerichteten Oberfläche die feuchten Dünste der Luft einzusaugen.

§. 95. Die Blätter sind auch Bewegungswerkzeuge der Bäume, indem der Wind auf sie würkt, werden sie alle, und mit ihnen die ganze Pflanze in eine zitternde Bewegung gebracht. Man will beobachtet haben, daß dieses zur Festigkeit und Dauerhaftigkeit etwas beitrage; das ist aber wahrscheinlich, daß durch dieselbe hie und da ein Druck auf die Saftröhren zuwege gebracht, und so die Bewegung des Safts besser befördert werde.

§. 96. Die Farbe der Blätter ist wenigstens auf der obern Seite grün; dieß kommt aller Wahrscheinlichkeit nach vom Licht her, vielleicht auch, wenigstens zum Theil, vom freien Zutritt der Luft. Wenn man Endivien zubindet, so werden die innersten Blätter weiß und gelb; eben so ist der Krautkopf inwendig weiß, wo weder das Licht noch eine freie Bewegung der Luft hinzukommt. Verschiedene Pflanzen haben auch Blätter, welche des Nachts ihre Oberfläche entweder an den Stamm oder gegen die Oberfläche eines andern Blatts anlegen, und also verbergen. Diese Pflanzen werden schlafende genennt.

§. 97. Sehr viele, oder die mehresten Geschlechte des Laubholzes werfen im Herbst ihre Blätter ab. Dieß kommt meines Erachtens daher, weil das Blatt gleichsam ein Kraut ohne Wurzel ist, und nur so lang mit seinem Stiel am Holz anklebt, als der Leim, welcher beide Theile zusammen verbindet, nicht aus Mangel des Safts vertrocknet; es muß also abfallen, wenn im Herbst der Saft sich zurück zieht, in den kalten Nächten der Leim spröde wird, und also das Blatt bei der geringsten Bewegung abbricht.

§. 98. Hiezu kommt noch eine Ursache: wenn das Blatt als ein weiches schwammiges Wesen endlich erhärtet, seine Dampfgefäse sich verengen, und wenig oder nichts mehr aus- und einführen können, so vertrocknet es vollends, und der Stiel schrumpft vom Ast ab. Dauerhafte Blätter, welche mehr holzig und weniger krautartig sind, bleiben so lange stehen, biß sie von neu ankommenden abgestoßen werden.

§. 99. Die Pflanzen alle mit einander haben den Hauptzweck, ihr Geschlecht fortzupflanzen; wenn daher ein Gewächs seinen gehörigen Grad der Entwicklung und Vollkommenheit erreicht hat, so treibt es seine Werkzeuge der Fortpflanzung, und diese bestehen in der Blühte, welche entweder männliche und weibliche Theile beisammen in einer Blume, oder getrennt in verschiedenen Blumen, und diese entweder auf Einem Baum, oder auf verschiedenen Bäumen, enthält, so, daß sich auf einer Holzpflanze lauter männliche, auf der andern aber alle weibliche befinden. Doch giebt es auch wieder Pflanzengeschlechte, welche sich nicht an diese Ordnung binden.

§. 100. Die männlichen Werkzeuge der Pflanzen sind, wie bekannt, die Staubfäden, die weiblichen aber der Blumengriffel, oder der Staubweg. Nun mögen sich die Staubfäden mit dem Staubwege auf einer Blume, oder auf verschiedenen Blumen, oder gar auf verschiedenen Pflanzen befinden, so kommt doch alles bloß darauf an, daß der Blumenstaub

der Holzpflanzen.

auf den Staubweg gestreut werde, es mag durch die Bewegung der Luft oder auf eine andere Art geschehen.

§. 101. Der Blumengriffel besteht aus einer Narbe oben an der Spize, dann aus dem Staubwege oder der Röhre, und zu allerunterst aus dem Fruchtknoten. Wenn der Saamenstaub von der Narbe empfangen, durch den Staubweg hinunter geführt, und vom Fruchtknoten aufgenommen worden ist, so hat die Blume ihrem Zweck Genüge geleistet. Die Krone, die Staubfäden und der Blumengriffel fallen ab, hingegen fängt der Fruchtknote nun an, durch den Blumenstiel, der nun zum Fruchtstiel wird, genährt zu werden; er wird zur Frucht, diese wächst biß zu ihrer Vollkommenheit, wo sie alsdann, wenn sie sich selbst überlassen ist, abfällt, und wenn die gehörigen mitwürkende Ursachen dazu kommen, eine neue Pflanze hervortreibt.

§. 102. Bißher habe ich kurz und summarisch die festen und flüssigen Theile der Holzpflanzen erklärt, und ihre Geschichte beschrieben, nun ist aber noch übrig, daß ich von der würkenden Ursache des Pflanzenlebens so viel sage, als ich weiß und vermuthen kann; in dieser Sache liegen noch tiefe Geheimnisse verhüllt, und alles, was ich davon noch vortragen werde, das gebe ich für Hypothesen aus.

§. 103. Die Holzpflanzen wachsen, tragen ihre Blätter, die beständig fort nach ihrer Art einförmig gebildet sind; eben so Blüthen und Früchte, und immerhin Holz, Rinde u. s. w. nach einerlei Gesezen, von einerlei Natur, Bau und Einrichtung. Die natürliche Beschaffenheit der Art bleibt im Ganzen eben dieselbe, welche sie von Anbeginn war. In allen Arten bewegt sich der Saft durch die Wurzeln in den Stamm, sofort durch alle Aeste in Blätter, Blühten und Früchte. Die Pflanze wächst von Jahr zu Jahr, biß zu ihrer Vollkommenheit, dann steht sie noch eine gewisse Zeit, und hernach stirbt sie allmählig ab und verfault. Während all dieser Zeit treibt sie jährlich Blätter, Blühte, Früchte, Saamen und Augen, und bringt also, wenn sie nicht durch Zufälle gehindert wird, viele ihres gleichen hervor.

§. 104. Alle diese mancherlei Bestimmungen können ihren Grund nicht blos in der Materie haben, sondern es muß etwas seyn, welches die Pflanzen, eine jede nach ihrer Art, zu würken bestimmt. Von Alters her war es so zu sagen eine herrschende Meinung, daß jede Pflanze eine Seele habe, welche gerad so viel Kraft zu würken besäse, als die Bestimmung ihrer Pflanze erfordert. Diese Pflanzenseele

zenſeele bildet alſo vermittelſt ihrer materiellen Werkzeuge alles aus, was zur Pflanze gehört, ſie beſtimmt die Form des Gewebes der feſten Theile, macht ſich die Werkzeuge, und karakteriſirt vermittelſt derſelben feſte und flüſſige Theile. Will man dieſe Hypotheſe annehmen, ſo iſt man am erſten fertig.

§. 105. Wer ſich aber mit geiſtigen Würkungen nicht behelfen kann und will, der muß zum Syſtem der Entwicklung ſeine Zuflucht nehmen, er kommt einen Schritt weiter, ſteht aber alsdann noch eben ſo unwiſſend vor der Thür des Geheimniſſes, als vorher. Dies Lehrgebäude erklärt die Sache z. B. folgendergeſtalt: Im Keim der erſten Eiche lagen alle Keime aller Eichen, oder vielmehr aller Eicheln biß ans Ende der Welt im unendlich Kleinen verborgen. Möglich iſt dieß alles, wie paradox es im erſten Anblick ſcheinen mag; aber wenn auch nun ein jeder Keim eine unbegreiflich künſtlich-organiſirte Maſchine iſt, ſo, daß ihr ganzer Wachsthum und Entwicklung aller ihrer Theile, während ihres ganzen Lebens, bloß Wirkung ihres Organiſmuß wäre, ſo bleibt uns doch das Pflanzenleben noch immer eben ſo unbegreiflich, als die Pflanzenſeele, ſo lang wir weder aus den Würkungen, noch aus dem Bau des Körpers selber, den wahren Organismuß entdecken können.

§. 106. Ich will über dieß Geheimniß meine Meinung sagen, sie mag unreif seyn, es ist doch möglich, daß sie durch mich oder durch Andere entweder reif gemacht wird, oder doch Anlaß zu näherer Entdeckung der Wahrheit giebt; genug, ich gebe sie nicht für Wahrheit aus, sondern nur für eine Meinung, und diese zu sagen, hat ein jeder Freiheit.

§. 107. Der Schöpfer hat der Materie bestimmte Kräfte gegeben, welche desto einfacher sind, je einfacher die Materie ist, und je vielfältiger, je manchfaltiger die Materie zusammengesezt ist. So finden wir in den Salzen, welche ziemlich einfach sind, reguläre bestimmte Figuren, hingegen in den Gewächsen unendlich reguläre, aber allgemein bestimmte Formen und Bildungen, je zusammengesezter biß ins unendlich Kleine die Materie ist, je manchfaltiger und unendlich regulär die zusammengesezte Formen der Körper sind.

§. 108. Nehmen wir nun die unendlich manchfaltig bestimmten Kräfte der Körper, wie sie durch die Organisation der ganzen Schöpfung bestimmt sind, und betrachten sie allzusammen als Eine Kraft, wie sie denn würklich nur Eine Kraft, nur Ein Wesen ist, wovon alle einzelne Kräfte nur gleichsam Glieder sind, so haben wir das, was wir Natur heissen; diese Natur ist aber kein vernünftiges Wesen, sondern der unveränderliche Wille des Schöpfers, welcher der Materie vom Schöpfer eingegeistet worden, nach welchem sie, nach ewigen bestimmten Gesezen, würkt.

§. 109. Die Kräfte der Bewegung bekommen ihre Richtung durch die Organisation, und diese entsteht durch die Richtung jener Kräfte, beide leiten sich gleichsam an der Hand; so weit wir also in die Organisation eindringen können, so weit begreifen wir, was die Natur macht. Diese Säze, wie weit sie auch von der Forstwissenschaft scheinen entfernt zu seyn, mußte ich aus meinem kleinen philosophischen Vorrath entlehnen, um die folgenden paar Paragraphen verständlicher machen zu können.

§. 110. Die Materie des Keims ist sehr zusammengesezt, daher gerinnt sie in eine unendlich reguläre Figur, welche aber im Allgemeinen in einer Art Pflanzen sich immer ähnlich ist, weil auch die Materie einer Art sich immer ähnlich ist. Diese Gerinnung beruhet auf eben den Ursachen und Gründen, auf welchen auch die Kristallisation der Salze, nach ihrer Art, beruht. Dieser zusam-

mengeronnene Urkeim hat nun das Richtungs-
vermögen in sich, weil alle organische Theile
im Kleinen schon würklich da sind.

§. 111. Der Urkeim oder Saamenkeim
ist mit einer trockenen Materie umgeben, die
ihn so lang gefangen hält, biß er in Umstände
geräth, daß er wachsen kann. Diese Umstände aber bestimmen auch zugleich obige trockene
Materie zum flüssigen Zustand und zur Nahrung des Keims; nun fängt er an, sein Pflanzenleben zu führen, oder zu wachsen. Eben
dieß Leben, dieser Wachsthum ist noch zu erklären, wie lebt, wie wächst die Holzpflanze?

§. 112. Wir finden, daß die Wurzel unter sich treibt, der Stamm und die Aeste aber
über sich; der Trieb zum Wachsthum gehet
also in entgegengesezten Richtungen von einander; und wenn wir untersuchen, wo der
Trieb der Wurzel und des Baums ausgehe,
so können wir die Anfänge dieses Triebs nirgends als in der Herzwurzel finden; da giebts
einen Punkt, von welchem das Pflanzenleben
ausgehet. Da nun das Mark eigentlich das
Nervenmark oder Gehirn der Pflanzen, der
Ursprung des Lebens und Wachsthums ist,
so kann dieser Punkt nirgend anders als im
Mark der Herzwurzel seyn.

§. 113. In den Zellen des Marks wird

der eigentliche Pflanzensaft, so wie er aus dem rohen abgesondert worden, abgesezt; dieser Saft enthält nun gerad alle Bestandtheilgen zum neuen Keim, daher bilden sich in allen Markzellgen unendlich viele und auch dem besten Vergröserungsglas bei weitem unsichtbare Urkeime. Dieß geschieht eben so, wie sich Salzkristallen bilden, nach meiner obigen Hypothese. Alle Markzellen sind also mit unendlich vielen Urkeimgen erfüllt.

§. 114. Das Mark wird immer durch Gerinnung unendlich vieler Urkeimgen vergrösert, daher kommt seine grose Ausdehnbarkeit. Bricht es nun irgendwo hervor, und kommt es an die freie Luft, so erzeugt es nach obiger Lehre Knospen, indem sich da einer von den stärksten Urkeimen entwickelt, vergrösert, und zum neuen Gewächs oder Ast wird.

§. 115. Ob nun der Saamenstaub aus lauter Urkeimen bestehe, die dem Fruchtknoten beigebracht werden, und unter welchen der stärkste zum Saamenkeim wird; oder, ob der Fruchtknoten eine Menge Urkeime enthalte, die durch den Saamenstaub vermög gewisser reizender oder geistiger Kräfte belebt werden? das ist noch nicht zu entscheiden; doch ist das lezte am wahrscheinlichsten.

§. 116. Es sind bei der Pflanzen-Physiologie nun noch einige wenige Stücke zu erklären übrig, besonders aber das Aufsteigen des Safts. Die einführende Dunstlöcher auf der Oberfläche der Wurzel sind der Wärme reizbar: so bald es im Frühling warm wird, dehnen sie sich vermöge der eingeschlossenen Luft aus, und so bringen die Feuchtigkeiten der Erde häufig hinein; daß nun diese Feuchtigkeiten biß an den Lebenspunkt in der Herzwurzel kommen können, das läßt sich aus der Hydraulik wohl erklären; aber daß sie biß in die höchste Gipfel der grösten Bäume steigen, das ist schwerer zu begreifen.

§. 117. Ich halte mich mit den mancherfaltigen Erklärungen dieser Sache nicht auf: daß nämlich Luftröhren da seien, welche von der Wärme ausgedehnt, die Saftröhren drücken sollen; oder, daß überhaupt die Erweiterung aller Gefäse durch eine warme Luft, die Ursache davon sei; ich will lieber diese Erscheinung auf die einfachste und wahrscheinlichste Weise beschreiben.

§. 118. Ich kann mir zwo Ursachen denken, welche vermuthlich in der Holzpflanze zusammen würken, und durch beide zugleich läßt sich die Bewegung des Safts biß in die höchste Gipfel der Bäume erklären: Ich nehme in der ganzen Substanz des Baums, besonders

der Holzpflanzen.

aber in der Rinde, sehr viele hohle Röhrgen und Bläsgen an, daß überall in diesen Höhlen Luft sei, bestreite ich nicht; aber sie ist vermuthlich sehr dünn; denn es ist wahrscheinlich, daß die äussere Luft keinen Eingang in dieselbe habe. Wenn daher im Frühjahr die Wärme kommt, so dehnen sich diese Höhlungen alle aus; da nun die äussere Luft auf die Erstattung des Gleichgewichts bringt, so treibt sie durch den Druck die Feuchtigkeit durch die Wurzel in die erweiterte Röhren der Rinde, und so steigt der Saft in die Höhe.

§. 119. Wenn überdas diese Saftröhren alle Haarröhrgen sind, welche sich oberwärts in Zellgen oder Bläsgen endigen, sich darin ausleeren, aus diesen Zellgen aber wieder solche Röhrgen in die Höhe gehen, die sich abermal in ein Bläsgen endigen, so ist es durch diesen Mechanismuß hydraulisch möglich, daß der Saft so hoch in die Höhe steige, als dieser Mechanismuß reicht. Nimmt man nun noch dazu, daß auch die Blätter Feuchtigkeiten einsaugen, und also auch einen Saft von obenher der Pflanze mittheilen, so läßt es sich noch besser begreifen.

§. 120. Auf solche bißher erklärte Weise ist es wahrscheinlich, daß das Pflanzenleben entstehe und fortdauere. Wenn nun endlich die Materie der Pflanze durch Alter oder Krankheit außer Stand gesezt wird, der Natur zu dienen, so fängt der Körper an, durch die Auflösung der allgemeinen Natur zerlegt zu werden; und da die abgehenden Theile ihre eigenen Kräfte mit sich nehmen, so wird das Aggregat der Pflanzennatur immer schwächer, biß sie endlich mit ihrem Körper wieder ins allgemeine Chaos übergehet, und neue Verwandlungen und Versezungen erwartet.

Zweiter Abschnitt.
Die Forstbotanik.

§. 121.

Jede Holzpflanze hat nebst den allgemeinen Eigenschaften nun auch besondere, die nur ihrem Geschlecht eigen sind; dadurch unterscheidet sie sich von allen andern Gattungen. In der Botanik pflegt man die Befruchtungswerkzeuge vorzüglich als die besten Unterscheidungszeichen der Verwandschaften und Geschlechter anzunehmen; und es ist auch sehr nüzlich, wenn sie der Forstwirth weiß. In der Forstwirthschaft aber hat diese Blühtenkenntniß wenig Nuzen; da kommt es auf die Forstkaraktere an, als wornach sich der Forstmann zu richten hat.

§. 122. Die Forstkaraktere einer Holzpflanze beruhen auf den Antworten folgender Fragen:
1. Was ist die Pflanze am gewöhnlichsten, ein **Baum**, oder ein **Strauch**, oder eine **Staude**, oder eine **Ranke**?
2. Wie ist die **Wurzel** beschaffen?
3. Wie sieht die **Rinde** aus?
4. Was für **Holz** hat die Pflanze?
5. Was für **Blätter, Nadeln oder Laub**?
6. Wie blüht sie?
7. Zu welcher Jahrszeit blüht sie?
8. Wie ist die Frucht beschaffen?
9. Wann wird sie reif?
10. Was für Eigenschaften hat der Saamen?
11. Wie lang hält sich der Saamen?
12. In welcher Jahrszeit wird er gesäet?
13. In welcher Witterung soll es geschehen?
14. Welchen Boden liebt die Pflanze?
15. Wie muß man den Saamen säen?
16. Wie bald geht die Saat auf?
17. Kann die Fortpflanzung durch Steckreiser geschehen?
18. In welchem Alter verpflanzt man den jungen Baum?

19. Zu welcher Jahrszeit geschieht das?
20. Auf welche Art?
21. Schlägt die Pflanze am Stock aus, so, daß sie zu Schlagholz dient?
22. In welchem Alter ist sie zu Schlagholz am besten?
23. In welchem Alter ist sie vollkommen?
24. Zu welcher Jahrszeit wird sie am nüzlichsten gefällt?
25. Wozu dienet das Holz?
26. Wozu die Frucht oder der Saamen?
27. Wozu sind ihre übrige Theile oder Produkte nüzlich?
28. Wie hoch steigt ihr höchstes Alter?

§. 123. Nach Anleitung dieser 28 Fragen lassen sich nun Tabellen folgendergestalt entwerfen: Man zieht 28 herablaufende Fächer auf einen Bogen, schreibt in jedes Fach oben seine gehörige Frage hin, zur linken Hand, die Seite herunter trägt man die Hölzer der Ordnung nach ein, und schreibt gegen sie über in alle Fächer die Beantwortung einer jeden Frage: um dieß zu erleichtern, hab ich auch in der folgenden Forstbotanik diese Fragen der Ordnung nach, bei jedem Holzgeschlecht beantwortet; folglich darf man nur jede Beschreibung in die gehörigen Fächer vertheilen. Solchergestalt erhält man eine Forstkarakte-

riſtik, wo man in einem Blick den ganzen Ka=
rakter einer Pflanze überſehen kann.

§. 124. Die gewöhnliche Abtheilung der
Hölzer geſchieht in zwo Klaſſen, deren die er=
ſte das Nadelholz, die andere das Laubholz
enthält. Beide Klaſſen theile ich abermal in
Bäume und Sträucher ein, und handle nun=
mehro forſtbotaniſch eine Klaſſe, einen Baum
und einen Strauch nach dem andern ab. Dem
zufolge kommen zuerſt:

Die Bäume der Nadelhölzer.

§. 125. Die **Weißtanne**, Pinus pi-
cea L. Tanne, Edeltanne, Taxtanne, Sil=
bertanne, Maſtbaum, iſt ein hoher gerader
Baum, die Wurzel geht ziemlich tief ohne
merkliche Pfahlwurzel. Die Rinde iſt weiß,
glatt und ſpröde; das Holz weich, gemeinig=
lich grobjährig, biegſam, geradriſſig und weiß;
die Nadeln ſind breit, immer grünend, kamm=
artig ſtehend, auf dem Rücken weiß geſtreift.
Eine Nadel auf dem Fuß; die Blühten ſind
männlich und weiblich, getrennt auf Einem
Baum; ſie kommen zu Ende des Mai, dar=
auf folgen rothe aufwärts ſtehende Tannza=
pfen, welche ſtumpfgeflügelte Saamen unter
ihren Schuppen enthalten, der im Dezember
reif wird, und ſich ein Jahr aufbehalten läßt.

§. 126. Diesen Saamen säet man im Herbst oder Frühjahr, bei bevorstehendem Regen, in einen trockenen steinigten, doch aber guten Boden, an Hügel und mäsige Bergseiten, etwa einen halben Zoll tief in eine aufgelockerte Erde. Die Herbstsaat geht im Frühling, die Frühlingssaat aber nach 6 bis 8 Wochen auf. Sie pflanzt sich nicht durch Steckreiser fort. Das Verpflanzen junger Bäume kann im sechsten bis achten Jahr, im Frühling in kleine Löcher im Schatten geschehen.

§. 127. Die Weißtanne schlägt nicht am Stock aus, und kann also das Schlagholz nicht benuzt werden. Vom 80sten biß ins 150ste Jahr ist sie in ihrer besten Stärke; man fällt sie im Winter; das Holz dient zu Masten, Bauholz im Trocknen, Bretern, Schachteln, Siebreisen, mittelmäsigen Holzkohlen, Brennholz u. s. w. Aus dem Saamen kann man Oel machen, aus der Rinde schwizt der gemeine Terpentin, und das höchste Alter der Weißtanne steigt auf 300 biß 400 Jahre.

§. 128. Die Fichte, Rothtanne, Pinus Abies L. Pechtanne, schwarze Tanne, Rothfichte; ist ein hoher, gerader und groser Baum; die Wurzel breitet sich weit aus, geht aber nicht tief; die Rinde ist roth=

Die Forstbotanik.

bräunlich und zäh; das Holz weiß-röthlich, weich und feinjährig; die Nadeln sind kurz, immer grünend, Eine steht auf der Scheide. Die männliche und weibliche Blüthen kommen gegen Ende des Mai's, getrennt, auf einem Baum hervor; darauf folgen lange rothe herabhangende Zapfen, welche den geflügelten Saamen enthalten, der erst das folgende Jahr im Oktober reif wird, und sich 3 bis 4 Jahre hält.

§. 129. Die Saat der Rothtanne geschiehet am füglichsten im Frühjahr, wenn man Regen vermuthet; sie liebt einen kiesigten Grund in einer kalten nordlichen Lage, wo die Sonne den Boden nicht austrocknen kann; die Erde wird nur aufgekrazt, oder flach gehackt, der Saamen hingesäet, und nur etwas eingeegt, wenn die Sonne darauf brennen kann; er gehet nach 6 Wochen auf, die Steckreiser wachsen nicht, und die jungen Bäume kann man im 4ten biß 6ten Jahr im Frühling unter den Rasen pflanzen.

§. 130. Weil die Rothtanne am Stock nicht ausschlägt, so dient sie zu Schlagholz nicht; vom 80sten biß 150sten Jahr ist sie in ihrer besten Stärke; man fällt sie im Anfang des Winters, ihr Holz dient zu Masten, Bauholz im Trocknen, Bretklözen, Klangböden der Klaviere, allerhand musikalischen Instrumenten, Orgeln, schlechten Holzkohlen, Brandholz u. s. w. Durch's Reissen der Rinde wird Harz und Pech gewonnen. Sie wird 300 biß 400 Jahre alt.

§. 31. Die **Kiefer**, Pinus sylvestris L. wilde Fichte, Fichte, Fohre, Föhrling, Fohrle, Schleissohre, Kienbaum, Harzbaum, Krähsichte, Grähnholz, Wirbelbaum, Zirbelbaum, Zirkelbaum, Tällen, Festenbaum, Kernholz, Färche, Mädelbaum, Ziegenholz, Spanholz u. s. w. — ist ein starker, hoher, ziemlich gerader Baum, dessen Wurzel mit einer mäsigen Pfahlwurzel nicht tief geht, sich aber weit ausbreitet; die Rinde ist voller Borsten, zimmetbraun mit aschgrauem Schimmel; das Holz ist röthlich, ästig, kleinjährig und ziemlich fest; die Nadeln sind lang, immer grünend, Zwo stehen auf Einer Scheide, sie umgeben den Zweig walzenförmig; die Blühten sind männlich und weiblich getrennt auf einem Baum, und erscheinen im Mai; darauf folgen kleine kegelförmige Zapfen, welche erst des folgenden Jahrs im November reif werden, und einen geflügelten Saamen enthalten, der sich 4 biß 5 Jahre hält.

§. 132. Die Saat der Kiefern geschiehet am füglichsten im April bei feuchter Witterung; sie lieben einen magern trockenen Sandboden, man pflüget ihn ganz flach, eget ihn, säet alsdann den Saamen, und eget ihn wieder ein wenig ein, nach 6 Wochen gehet er auf: die Steckreiser wachsen nicht, und den jungen Baum kann man im 5ten biß 6ten Jahr im Frühling in kleine Löcher verpflanzen.

§. 133. Auch die Kiefer dient zu Schlagholz nicht, sie ist ebenfalls vom 80sten biß 150sten Jahr in ihrer grösten Vollkommenheit; man fällt sie vor dem Winter; das Holz dient vortreflich zu Masten, trockenem Bauholz, Bretklözen, auch ins Wasser und in die Erde, wo Trockne und Feuchtigkeit nicht wechselt; es ist überhaupt zu allerhand Werken sehr nüzlich: man brennt gute Holzkohlen und Theer aus den Kiefern, auch sind sie zum Harzreissen dienlich, geben gutes Brennholz u. s. w. Ihr höchstes Alter erstreckt sich auf 300 biß 400 Jahre.

§. 134. Die Schottische Kiefer, Pinus rubra L. ist nur eine Abart von unserer Kiefer; ihre Nadeln sind etwas kürzer, seladonfärbig; die Zapfen sind schmäler, spiziger und weißlich-braun, etwa zwei Zoll lang und kaum einen Zoll dick. Dieser Baum wird, je nachdem er in gehörigem Boden steht, hoch, und wächst sehr schnell.

§. 135. Der Krummholzbaum, Pinus montana Mil. die kleine Alpenkiefer, der Zunderbaum, die Spurtfohre, die Legfohre, Lackholz, Grünholz, Crein u. s. w. ist ein krummer gleichsam über die Erde hinkriechender Baum, und könnte daher auch für einen Strauch gelten, wenn nicht Stamm und Aeste ziemlich dick würden. Die Wurzel ist der gemeinen Kiefer ähnlich, nur geht sie zuweilen etwas tiefer; die Rinde ist bräunlichschwarz; das Holz weich und sehr harzig; die Nadeln sind immer grünend, etwas länger und stärker als bei der gemeinen Kiefer, dunkel und schmuzig-grün; die Blühte ist in allen Stücken der Kiefer fast gleich, eben so die Frucht und der Saamen, nur sind die Warzen auf den Schuppen etwas erhabener.

§. 136. Die Saat verhält sich in allen Stücken wie die Kiefernsaat, nur ist diese Pflanze noch weniger zärtlich in Ansehung des Bodens, sie erträgt die strengsten Winter auf den höchsten Bergen, und eben so gut wächst sie auch in sumpfigten Gegenden, wo die Kiefer gar nicht fortkommt. Ob sie durch Steckreiser fortgepflanzt werden könne, stehet noch zu versuchen; denn man hat bemerkt, daß die auf der Erde kriechende Aeste oft anwurzeln.

§. 137. Die Zweige sind sehr biegsam und

zähe,

zähe, daher dienen sie zum Zusammenbinden
groser Stämme bei den Flosen, vielleicht auch
zu Faßbäudern. In Ungarn macht man das
Krummholzöl im Frühling aus den jungen
Sprossen dieser Pflanze.

§. 138. Die Zirbelnußkiefer, Pinus
cembra L. der Ziernußbaum, die Zürbe,
die Arve, die Arbe, der Leinbaum, die Ruſ-
sische oder Siberische Ceder — ist ein ordentlicher groser Baum, mit einer piramidförmi-
gen Krone. Die Wurzel ist wie bei der gemeinen Kiefer, nur etwas tiefer gehend; die Rinde ist aschgrau, schrumpfig, im Alter borstig;
das Holz ist weiß, ziemlich fest, dauerhaft
und angenehm von Geruch; die Blätter sind
immer grünende Nadeln, 4 biß 5 auf einem
Fuß, breiseitig, schmal, lang, hellgrün,
glänzend, inwendig braun-grünlich mit einem
hellgrünen glänzenden Strich; die Blühte ist
männlich und weiblich getrennt auf verschiedenen Zweigen; der Zapfen ist eirund und braun-
roth; die Saamen sind breieckigte Kerne ohne
Flügel, wie ein Haselnußkern, und eßbar;
sie halten sich nicht lange. Dieser Baum wird
nicht durch Steckreiser fortgepflanzt.

§. 139. Die Kerne säet man im Herbst
oder im Frühjahr auf hohe kalte und von Bäumen entblöste Gegenden an; denn dieser Baum

liebt ein hartes Erdreich, freien Stand und viel Wind. Sie wächst sehr geschwind. Der Saamen wird durch Hacken und Krazen etwas unter die Erde gebracht, und geht erst nach einem Jahr auf. Die Versezung der Bäume kann schon im 5ten oder 6ten Jahr geschehen, und zwar auf eben die Art wie die Kiefer. Die Zirbelnußkiefer schlägt eben so wenig, wie andere Nadelhölzer, am Stock aus.

§. 140. Weil dieser Baum sehr schnell wächst, so wird er etwas früher vollkommen als die Kiefer, und am allerbesten im Anfang des Winters gefällt. Das Holz dient zu Brettern und feiner Schreinerarbeit, zu Kleiderschränken, in welche keine Motte kommen soll; die Nüsse dienen zur Speise, und geben ein sehr gutes Oel; die äussere Rinde wird zum Rothfärben des Branteweins gebraucht; aus den Knöpfen und Schößlingen verfertigt man ein Oel, das gute Medizinische Kräften hat, und eben so ist ein Absud derselben mit Wasser ein gutes Mittel wider den Scorbut. Wie alt sie eigentlich wird, weiß ich nicht.

§. 141. Der Lerchenbaum, Pinus larix L. der Leerbaum, der Lierbaum, die Lerche, die Brechtanne, der Rothbaum, die Lerchentanne, der Lorchbaum, der Schönbaum u. s. w. ist ein hochstämmiger groser

Die Forstbotanik.

Waldbaum. Die Wurzel breitet sich weit aus, geht tiefer in die Erde, als die Fichte und Kiefer; die Borke ist stark, dick, rissig und braunroth; das Holz sehr schön, schwer und braunroth, oder auch roth-gelblich. Die Nadeln sind kurz, weich, und viele stehen auf einer Scheide, sie sind aber nicht immer grünend, sondern fallen im Herbst ab; die Blühten sind männlich und weiblich getrennt auf verschiedenen Blumen, aber auf einem Zweig, und kommen zwischen März und April, darauf folgt der Lerchenzapfen, welcher gelblich, röthlich oder purpurfärbig, klein und eirund ist, und zwischen dem Oktober und November reif wird; er enthält einen kleinen geflügelten Saamen, der sich zwei bis drei Jahre hält.

§. 142. Die Aussaat des Lerchensaamens geschiehet im Frühjahr in einen geflügten und geegten sandig-steinigten Boden, an kalten und unfruchtbaren Hügeln, an der Mitternachtseite mässig-hoher Gebirge, nur nicht in fettem Thon, Moor, oder Kleigrund, bei feuchter Witterung; er gehet nach 6 biß 8 Wochen auf; die jungen Stämme verpflanzt man im 6ten und 7ten Jahr in obigen Boden, der aber auf 5 Schuhe in der Tiefe keinen Thon oder Letten haben darf; dieß Verpflanzen geschiehet im März in kleine Löcher.

§. 143. Dieß vortrefliche Gehölz gelanget schon im 80sten Jahr zu seiner Vollkommenheit, und dauert darin fort biß gegen 200 Jahre; es wird im Anfang des Winters gefällt, und dienet zu Masten, zum Schiffbau, Brettklözen, Zimmerholz, Wasserbau und Schreinerwerk vortreflich. Die Lerchenkohlen sind gut, desgleichen das Holz zum Brennen sehr nüzlich. Sein Harz ist der Venetianische Terpentin; der Lerchenschwamm dient in der Medizin, die Borke zur Gerberlohe u. s. w. Die Lerche erhält ein Alter von 300 biß 400 Jahren.

Nadelholz-Sträucher.

§. 144. Es sind noch etliche Holzpflanzen übrig, die in nichts weiter als in den Nadeln mit vorigen übereinkommen, und nur deswegen zum Nadelholz gehören; sie erreichen aber selten die Gröse und die Gestalt eines Baums, und sind daher Sträucher.

§. 145. Der **Wacholder**, Juniperus communis α. L. Weckholder, Reckholder, Rehbaum, Reckbaum, Rackholderbaum, Machandel, Jachandel, Feuerbaum, Krametbaum, Krametsbeerstaube, Kranewetbaum, Kraneweckenstrauch, Kronwitt, Weg-

Die Forstbotanik. 69

baum, Kadig, Kanickbaum, Knickel, Kranzeriz, Kranzbeerstaude, Clupers, Feldcypreß, Feleypeß, Dürenstaude — ist ein ordentlicher groser Strauch, selten ein Baum von einiger Gröse. Die Wurzel ist stark, hart, holzig, greift weit um sich, und geht nicht tief; die Rinde ist rissig, röthlich-braun; das Holz sehr zäh, fein, weiß-röthlich, mit bräunlichen Adern, wohlriechend, und wird knochenhart; die Nadeln sind kurz, steif, spizig, immer grünend, stehen zu drei auf einem Fuß sperrig auseinander; die Blühten sind männlich und weiblich getrennt auf verschiedenen Pflanzen, und erscheinen im Mai; darauf folgen am weiblichen Strauch kleine runde Beeren, welche aber erst übers Jahr reif werden, alsdann sind sie schwarz, süß, gewürzhaft, und enthalten 3 Saamenkerne.

§. 146. Weil die männliche Blüthe auf andern Pflanzen ist, so wird die weibliche nicht immer befruchtet; daher sind ihre Beeren oft unfruchtbar; man muß also zur Saat solche wählen, die von einem Strauch genommen worden, der einen männlichen nahe bei sich hat. Diese säet man auf jeden Boden, der Wacholder kommt auf dem kältesten und unfruchtbarsten, zwischen Felsen und Klippen fort, doch ist ihm eine leichte lockere und sandigte Erde am angenehmsten, welche man zweimal pflügt, und dann den Saamen entweder im März, besser aber im Herbst säet und eineget; im folgenden Jahr gehet der Saame erst auf. Die junge Pflanze kann man zwischen dem 10ten biß 15ten Jahr, doch nicht ohne Schwierigkeit, verpflanzen: man gräbet sie mit vieler Erde heraus, sezt sie in ein Gefäß, welches zur Hälfte mit feuchtem Moos angefüllt ist, und pflanzt sie dann mit dieser Erde in die Löcher. Die Steckreiser schlagen nicht an.

§. 147. Der Wacholder kommt gegen 50 biß 60 Jahre zu seiner Vollkommenheit, dann haut man ihn am füglichsten im Mai. Das Holz dient zu Brenuholz und zu den kostbarsten Schreiner- und Drechslerarbeiten, es ist schön und fast unverweslich, daher es den fleisigsten Anbau verdient; die Beeren sind die eigentliche Krametsvögel-Aezung, geben eine herrliche zur Gesundheit dienende Lattwerge, den berühmten Körnerbrantewein, und ein heilsames Oel; aus dem Holz oder der Rinde schwizt das so manchfaltig nüzliche Gummi Saudarack, oder bei uns das Wacholderharz genannt; in den heissen Himmelsstrichen findet mans häufiger, in Teutschland selten. Der Wacholder wird über 100 Jahre alt.

§. 148. Der Sade- oder Sevenbaum,

Juniperus Sabina L. der Sagebaum, der Siebenbaum, der Segelbaum, der Sabelbaum, der Roßschwanzbaum, ist ein Strauch von 5 biß 10 Schuh hoch. Seine Wurzeln gehen etwas tiefer als bei dem Wacholder; die Rinde ist braun, das Holz hart und röthlich, und der ganze Baum stark riechend; die Nadeln sind hellgrün, immer grünend, und liegen an den Zweigen an; Blumen und Früchte sind wie bei dem Wacholder.

§. 149. Der Sevenbaum liebt den Schatten, und kann in Gärten und Pflanzungen wegen seiner immer grünenden Gestalt Plaz finden, aber in den Forsten bringt er wenig Nuzen, weil man mehrere eben so gute Hölzer hat, seine Früchte aber eher giftig als nüzlich sind. Die ganze Pflanze hat die schädliche Eigenschaft, daß sie das Geblüt in eine starke Bewegung sezt, und also Blutstürzungen mancherlei Art verursacht, sie wird auf eine höchst schädliche und unerlaubte Art zum Abtreiben der Leibesfrucht gebraucht. Ihre natürliche Fortpflanzung geschieht durch den Saamen, wiewohl sie auch durch Ableger möglich ist.

§. 150. Der Taxbaum, Taxus baccata L. der Bogenbaum, If, Ibe, Isen, Eibe, Eibenbaum, Eve, Eyen, Eyenbaum,

Ebenbaum u. f. w. ist ebenfalls ein mäsiger Strauch, ob er gleich mehr Stärke und Höhe als der Sevenbaum erhält. Die Wurzel ist völlig wie bei dem Wacholder; die Rinde der Zweige ist grün, der alten Stämme aber rothbraun; das Holz ist rothbraun, fest und vortreflich schön; die Nadeln sind tannenähnlich, oben dunkelgrün und unten hellgrün; die Blühte kommt im Mai, ist männlich und weiblich getrennt auf verschiedenen Sträuchern, und darauf folgt eine schöne rothe, saftige, kleberige Beere ohne Geschmack, welche zwischen dem August und September reif wird, und ein schwarzes längliches Saamenkorn enthält, das sich aber nicht hält, sondern gleich gesäet werden muß.

§. 151. Die Saat dieses Saamens geschieht noch vor dem Winter, $1\frac{1}{2}$ Zoll tief, etwas dick, in einen guten etwas feuchten schattigten Boden, er geht erst in Jahr und Tag auf, man kann auch den Taxbaum durch Ableger fortpflanzen; er wächst sehr langsam, und wird zwischen 20 und 30 Jahren erst verpflanzt, welches in Graben und Löcher im Frühjahr geschehen kann; zu Schlagholz ist er zu langsam und zu kostbar.

§. 152. Der Taxbaum kann erst nach 100 Jahren für vollkommen angesehen werden; man fällt ihn im Winter; das Holz nimmt die schönste Politur und schwarze Beize an, daher es die Holzkünstler aus der Masen lieben; die Beeren sind eine gute Aezung für die Vögel; die Blätter werden gegen den tollen Hundsbiß gebraucht; die Pflanze hat nichts giftiges, und ist in altmodischen Gärten, wo sie zu Hecken und Pyramiden diente, wohl bekannt. Sie lebt 400 biß 500 Jahre.

§. 153. Auf die Nadelhölzer folgen nun die Laubhölzer, welche weit manchfaltiger in ihren verschiedenen Geschlechtern, und daher auch von ausgebreiteterm Nuzen sind; sie unterscheiden sich vornämlich darin vom Nadelholz, daß ihre Blätter keine Nadeln, sondern Laub sind, und gröstentheils im Herbst abfallen. Ich verhandle also, der angenommenen Ordnung gemäs, wieder zuerst:

Die Bäume des Laubholzes.

§. 154. Die **Eiche**, Quercus robur L. Die gemeine Eiche, Eckerbaum, Früh-Eiche, Sommer-Eiche, Augsteiche, grose breitblättrige Eiche, Stiel-Eiche, langstielige Eiche, Wald-Eiche, Roth-Eiche, Loh-Eiche, Tann-Eiche, Hasel-Eiche, Mast-Eiche, Vier-Eiche oder Verkel-Eiche — ist der vornehmste, gröste, wichtigste und gemeinnüzigste Baum des Forstregals; er ist unter unsern Waldbäumen der ansehnlichste und stärkste. Die Wurzel geht sehr in die Tiefe, sie hat mächtige Pfahl- und Herzwurzeln, mit welchen sie sich weit in den Boden hinab bevestigt, und eben so stark wurzelt sie auch um sich. Die Rinde ist inwendig braun, auswendig schwärzlich, mit weisem Schimmel überzogen. Das Holz ist weiß, im Alter schwärzlich-fahl, fest, zäh, dauert im Wasser und im Trocknen, verträgt sehr gut den Wechsel der Witterung, und ist sehr dauerhaft. Die Blätter fallen im Herbst ab, sie sind am Stiel schmäler als gegen das Ende und wellenförmig ausgezackt. Die männliche und weibliche Blühten stehen getrennt an den Zweigen, und kommen im Mai. Darauf folgt die bekannte Eichel, welche zwischen dem September und Oktober reif wird. Sie läßt sich zur Saat nicht lange aufbewahren.

§. 155. Zur Eichelsaat, sie geschehe im Eichelkamp oder im Wald, gehört ein gemischter Waldboden; Thon- oder leimigte, mürbe, etwas fette und mäsig-feuchte Erde, die auf etliche Schuhe tief keinen Felsenboden hat, ist den Eichen am zuträglichsten; eine sandigte, felsigte oder morastige Erdart ist ihr zuwider; sie kommt an mäsig-hohen Bergseiten besonders gut fort. Man säet die Eicheln bei trockenem Wetter, im Herbst, im wohlaufgelockerten Boden, nur einen Zoll tief in die Erde; im nächsten Frühjahr gehen sie auf. Den jungen Baum verpflanzt man mit Behutsamkeit im Frühjahr in Löcher, welche vorigen Herbst schon ausgeworfen worden, im 15 biß 16ten Jahr seines Alters. Der Stock schlägt biß ins 40ste, höchstens biß ins 60ste Jahr aus, daher kann die Eiche so lang auf Schlagholz benuzt werden. Die Steckreiser aber gedeihen nicht.

§. 156. Die Eiche kommt erst nach 200 biß 300 Jahren zu ihrer grösten Vollkommenheit; man fällt sie im Späthherbst; das Holz dient zu allem, wozu nur Holz gebraucht werden kann, wenn man nur feine zarte Arbeiten ausnimmt; besonders dient es zu allen Gattungen Zimmerholz, Brettblöcken, zum Wasser-Mühlen- und Hammerbau. Die Rinde giebt die eigentliche beste Gerberloh, vorzüglich vom Schlagholz. Die Eicheln dienen zur Schweinsmast; der Abraum zu Kohl- und Brennholz. Die Eiche wird zwischen 400 biß 600 Jahre alt.

§. 157. Die Winter-Eiche, Stein-Eiche, Touf-Eiche, Traub-Eiche, Wintertrauben-Eiche, Knopper-Eiche, Spat-Eiche,

Berg-Eiche, Winter-Eiche, Dürr-Eiche, Harz-Eiche, Eis-Eiche, Eisholz-Eiche, Winterschlag-Eiche — ist eine Abart von der vorigen oder Sommer-Eiche; sie bleibt etwas kleiner und niedriger. Die Rinde ist an den jungen Zweigen weißlich, glatt, an den alten braun, zerrissen, gefurcht. Das Holz ist brüchiger und mürber, auch etwas röthlicher. Das Laub ist etwas kleiner, nach dem Stiel zu noch schmäler, bleibt den Winter über oft halb an den Aesten hangen, und sie kommen auch im Frühling später hervor. Die Blühte ist der vorigen ähnlich, erscheint aber erst gegen das Ende des Mai's. Die Eicheln sitzen gerad an kurzen Stielen, und etliche traubenförmig beisammen, und werden erst im November reif; an der Sommer-Eiche hingegen stehen sie einzeln an langen Stielen, und zwar in einem Winkel, ohngefähr wie eine irdene Tabakspfeife. Man hat noch mehrere Arten von Eichen, die aber nicht hierher gehören.

§. 158. Die Maibuche, Fagus sylvatica L. Die Rothbuche, die Buche, die Winterbuche, die Sommerbuche, die Bergbuche, die Thalbuche, die Tragebuche, die Rauhbuche, die Mastbuche — ist ebenfalls ein groser ansehnlicher allgemeiner Waldbaum.

Die Forstbotanik. 77

Die Wurzel geht nicht so tief als bei der Eiche, aber sie breitet sich weit aus. Die Rinde ist grünlich, mit einem weißlichten Schimmel. Das Holz ist weiß, im Alter grau, feinfähriger als die Eiche, aber spröd-brüchig. Die Blätter sind hellgrün und schön, länglich-rund zugespizt, flach und kaum merkbar gezahnt; sie fallen im Herbst ab. Die Blühte ist männlich und weiblich getrennt auf einem Baum, auch wohl auf einem Zweig; sie kommt zwischen April und Mai; darauf folget die Buchel in einer rauhen kreuzweis gespaltenen Kapsel, welche aus einem dreieckigten Kern besteht, der im Oktober reif wird, und sich zur Saat nicht lang hält.

§. 159. Die Bucheln säet man gleich im November, bei trockenem Wetter, in einen leichten, kühlen, schattigten Waldgrund, an den Morgen- und Mitternachtseiten der Berge; man steckt sie in Löcher oder in Riesen, und scharrt sie zu; im Frühjahr gehen sie auf. Die jungen Buchen verpflanzt man im 4ten biß zum 8ten Jahr in Löcher, welche den vorigen Herbst aufgeworfen worden, im Frühjahr. Der Stock schlägt zum Schlagholz biß ins 30ste Jahr recht wohl aus. Die Steckreiser wurzeln nicht.

§. 160. Zwischen 100 biß 200 Jahren

gelangt die Buche zu ihrer Vollkommenheit, und dann fällt man sie im Spätherbst. Das Holz dient zu Zimmerholz nicht, ausgenommen bei Hammerwerken zu Hälmen, Keilen u. dgl., aber zu allerhand Schreinerarbeit und grobem Geräthe ist es vortreflich, und oft unentbehrlich. Die Stellmacher brauchen es ebenfalls häufig, besonders aber ist es das beste Brenn- und Kohlholz. Die Asche ist zu Glas, Seife und Potasche die beste. Die Bucheln dienen zur Mast, besonders aber wird das herrliche Buchelöl daraus geschlagen. Die Maibuche kann 400 Jahre alt werden.

§. 161. Die Birke, Betula alba L. Der Birkbaum, die Berke, weise Birke, rothe Birke, Wasserbirke, Meye, Hangelbirke, Mutterbirke, Haarbirke, der Wunnbaum — ist ein mäsiger, mehr hoher als dicker Baum. Er gehört eigentlich zum Buschholz ob er gleich kein Strauch ist. Die Wurzel ist stark, ästig, enge beisammen, ohne sehr tief zu gehen. Das Oberhäutgen der Birke ist glänzend-weiß; die Rinde gras-grün, inwendig aber gelb-braun. Das Holz ist weiß, sehr zäh, geschmeidig, zartfaserig, läßt sich aber übel hobeln und poliren. Die Blätter sind klein, herzförmig, vorn spitz, scharf gezahnt, und sehr bitter. Die Blüthe ist männ-

Die Forstbotanik.

lich und weiblich, aber getrennt auf einem Baum, und kommt im Mai. Der Saamen befindet sich in einem langen Zäpfgen; er ist sehr klein und fliegend, wird im September reif, und hält sich zwei Jahr.

§. 162. Den Birkensaamen säet man im Herbst, zu Ausgang Oktobers, auf jeden Boden, bei trockenem stillem Wetter, er schlägt überall an; die Birken lieben einen unfruchtbaren Sand- und Heibeboden, im steinigten geben sie das beste Holz. Man säet den Saamen auf den gereinigten Boden hin, oder gar auf Moos und Heide, besser ists aber, wenn er etwas eingekrazt wird. Die Saat geht im Frühjahr auf. Den jungen Baum kann man vom 5ten biß 12ten Jahr im Frühling in kleine Löcher unter den Rasen verpflanzen. Die Birken schlagen am Stamm vortreflich aus, und geben daher sehr gutes Schlagholz biß ins 40ste Jahr. Die Steckreiser kommen nicht fort.

§. 163. Das Birkenholz gelanget gegen das 50ste Jahr zu seiner Vollkommenheit, und wird alsdann im Herbst gefällt; es dient zu vielen Geräthen: der Sieb- und Korbmacher, Drechsler und Schreiner, besonders auch der Stellmacher braucht es sehr gerne. Besem, Ruthen und Wieden zum Binden, nehmen viele Birkenreiſer weg. Das Holz iſt zum Verkohlen und Verbrennen ſehr gut. Der Saft wird abgezapft und in der Medizin gebraucht. Die Rinde dient zum Gerben, beſonders der Juchten, zum Färben u. ſ. w. Die Aſche iſt zur Potaſche, zum Bleichen und zur Seife recht gut; aus der maſerigten Wurzel kann man allerhand niedliche Sachen machen; aus den Blättern verfertigt man das Schüttgelb; aus den Blumenkäzgen eine wachsartige Subſtanz; aus dem Rus Buchdruckerfarbe u. ſ. f. Die Birke wird 100 Jahre alt.

§. 164. Abarten der Birke ſind: 1) die **Hangelbirke**, deren ſchmal-lange Zweige wie an der Babyloniſchen Weide herabhangen; dieſe Bäume entſtehen aus dem ordentlichen Birkenſaamen, und machen kein beſonderes Geſchlecht aus. Ich halte mit andern erfahrnen Forſtmännern das Herabhangen der ſchmalen Zweige für die Folgen eines kranken Alters. 2) Die **Brockenbirke** iſt allem Anſehen nach die gemeine Birke, welche aber durch das Klima ausgeartet iſt.

§. 165. Die **Zwergbirke**, Betula nana L. iſt eigentlich nur ein niedriger Strauch oder Erdholz. Die Wurzeln ſind haarartig. Die Rinde iſt braun-roth und glatt. Die
Blät-

Blätter sind rund und gezahnt, auf beiden Seiten glatt; die Blumenkäzgen ungemein klein. Der Saamen dient den Schneehünern in Lappland und Norwegen zur Fütterung. Aus den feinen Wurzeln werden dort artige Decken gemacht. Die Blätter sollen noch ein schöneres Gelb geben, als die von unsern Birken.

§. 166. Die **Erle**, Betula Alnus glutinosa L. Die Eller, die Arle, die Else, Otten, der Otterbaum, die Urle, schwarze Erle, der Orlinbaum, die Elst, Elten, der Elsterbaum — ist ebenfalls ein mäsiger zum Buschholz gehöriger Baum, wie die Birke. Die Wurzel wuchert weit um sich, und gehet auch in die Tiefe. Die Rinde sieht in der Jugend bräunlich-grün, im Alter aber schwarzgrün aus, wobei sie weißlich schimmelt, und etwas rissig wird. Das Holz ist lebhaft-roth, aber spröbbrüchig, leicht und feinfaserig. Die Blätter sind eirund, dunkel-grün, klebrig, und rund gezahnt. Die männlichen und weiblichen Blühten stehen getrennt auf einem Baum und erscheinen im Mai. Darauf folgt ein walzenförmiges Käzgen, oder Zäpfgen, welches einen feinen fliegenden Saamen enthält, der im Oktober reif wird, und sich ein Jahr aufbehalten läßt.

§. 167. Den Erlenſaamen ſäet man im Herbſt oder im Frühjahr, bei feuchter Witterung, in einen naſſen, moraſtigen ſchwarzen Boden, etwa nur einen Viertel Zoll tief unter die Erde; hat man den Boden zur Saat gereinigt, ſo ſtreut man den Saamen aus, und krazt ihn ein; die Herbſtſaat geht im Frühjahr, die Frühſaat aber in 6 Wochen auf. Die Erle läßt ſich auch durch Steckreiſer fortpflanzen. Doch iſt dieſe Art der Fortpflanzung unſicher, und geſchieht fäglicher durch den Saamen. Den jungen Stamm verpflanzt man im Frühjahr, im 5ten biß 12ten Jahr, blos unter den Raſen. Der Stock ſchlägt aus bis ins Alter, und daher kann die Erle immer als Schlagholz benuzt werden.

§. 168. Die Erle erreicht ihre Vollkommenheit im 40ſten biß 50ſten Jahr; man haut ſie als Schlagholz im Frühjahr, als Stammholz aber im Herbſt. Das Holz bient vortreflich zum Waſſerbau, zu Schreiner- und Drechslerarbeit, zu Holzſchuhen, zum Verkohlen und zum Brennen. In Holland thut das Erlenreiſig friſch mit den Blättern bei dem Ziegelbrennen eine ſonderbare Wirkung: es färbt die Ziegel grau. Die Rinde kann zum Färben gebraucht werden. Die Erle erreicht ein Alter von 100 Jahren.

Die Forstbotanik.

§. 169. Die Nordische weise Erle, Betula Alnus incana L. ist allem Ansehen nach ein von voriger Erle verschiedenes Geschlecht, ob sie gleich viel ähnliches mit ihr hat. Die Rinde ist glatt und weiß, ungefähr wie an den Buchen. Das Holz ist weiß. Die Blätter sind oval zugespizt, und größer als die vorigen; die Oberfläche ist dunkel-grün, die untere weiß-wolligt. Die weise Erle wächst noch schneller als die vorige; die Blühte unterscheidet sich auch etwas von ihr; übrigens ist der Forstkarakter ungefähr einerlei.

§. 170. Die Ulme, Ulmus campestris L. Die Ilme, die breitblättrige Rüster, die weise Rüster, der Effenbaum, Effern, Ypern, Epenholz, der Leimbaum, der Rust oder Rusbaum, Räsche, der Lindbast, Ospen, die gemeine rauhblätterige frühe Rüster — ist ein gerader ziemlich hochstämmiger Waldbaum, dessen Aeste gemeiniglich etwas sperrigt auseinander stehen. Die Wurzel geht mittelmäsig tief, aber sie breitet sich weit aus, und treibt viele Wurzellohden. Die Rinde ist schwärzlich, mit weisem Schimmel. Das Holz ist gelblich-braun-flammigt, seidenartig und zäh. Die Blätter sind länglicht zugespizt, rauh und steif, mit einem doppelt-gezahnten Rand, und dunkel-grüner Farbe. Die Zwit-

F 2

terblühte kommt im Anfang Aprils; der grose geflügelte oder häutige Saamen wird schon im Junius reif, und hält sich ein Jahr.

§. 171. Der Ulmensaamen wird in ein mildes nahrhaftes, nicht zu trockenes und hiziges Erdreich gesäet: dieß geschieht am vortheilhaftesten alsofort gegen das Ende des Junius, ganz flach, bei nicht zu trockenem Wetter; nach 5 biß 6 Wochen kommen die Saamenlohden schon zum Vorschein, und treiben noch ein paar Zoll vor dem Winter. Die Fortpflanzung kann auch durch Ableger geschehen; die junge Stämme verpflanzt man im Frühling, im 15ten Jahr, in mittelmäßige Löcher; der Stock schlägt mächtig aus, daher dient die Ulme zu gutem Schlagholz biß sie 40 Jahre alt ist.

§. 172. Die Ulme gelangt gegen das 200ste Jahr erst zu ihrer größten Vollkommenheit; man fällt sie im Anfang des Winters; das Holz ist vortreflich, und nach dem Eichen- und Lerchenholz das gemeinnüzigste; es dient zum Wasserbau, zum Bauholz, zu Brettklözen, zu allerhand grobem und feinem Werkholz, besonders ist es den Stellmachern wegen seiner Zähigkeit und Biegsamkeit unvergleichlich. Die Ulme wird 400 biß 600 Jahre alt.

§ 173. Man hat noch verschiedene Arten

von der Ulme, als: die Engliſche breitblätterige Ulme, die weiſe Bergrüſter, die klein-
blätterige Ulme, die glattblätterige Ulme,
die ſchmalblätterige Ulme, und die Holländi-
ſche Ulme. Es kommt bei den Ulmen auf den
Boden an, als welcher groſen Einfluß in die
Nuzbarkeit des Holzes hat. Im übrigen aber
iſt in Anſehung des Forſtkarakters kein ſonder-
licher Unterſchied zu machen: man benuzt diejenige Art, welche man vor ſich findet, und
die am beſten gedeiht.

§. 174. Die **Eſche**, Fraxinus excel-
sior L. Die Aſche, der Aeſchbaum, Eſchern,
Stein-Eſchern, die Geißbaum-Eſche, der
Mundholzbaum, Edel-Eſche, Wald-Eſcher,
die Lang-Eſpe — iſt ein gerader, groſer und
hoher Waldbaum. Die Wurzel breitet ſich
weit aus, und geht auch ziemlich in die Tiefe.
Die Rinde iſt aſchbraun, ſchimmlich, und im
Alter riſſig. Das Holz weiß-gelblich-flammigt.
Die Blätter ſind lanzettenförmig, und ſtehen
zu 7, 9, biß 12 paarweiß gegen einander
über am Stiel. Die Blühte erſcheint Anfangs
Mai in traubenförmigen Zwitterblühten auf
einem Stamm, auf einem andern auch weibliche Blühten allein. Der geflügelte Saamen
wird zu Ende Oktobers reif, und hält ſich 3
biß 4 Jahre.

§. 175. Am besten ist es, wenn man den Eschensaamen gleich zu Ende des Oktobers oder im Anfang des Novembers säet: dieß geschiehet in einen nicht allzu trockenen, leichten, tiefgründigen Waldboden; feuchte, morastige Erde verträgt er nicht gut, aber auch eine steinigte klippigte nicht, vielweniger den Thongrund; das Säen geschieht bei trockenem Wetter in Riesen einen Zoll tief; nach einem Jahr geht er erst auf. Die verpflanzten Bäume gedeihen nicht recht, es geschieht im 10ten biß 15ten Jahr im Frühling, in ordentliche Löcher, wobei man die Pfahlwurzel etwas abstuzt, die übrigen Wurzeln aber nicht. Die Steckreiser schlagen nicht an; der Stock schlägt aus biß nach 30 Jahren, die Esche dient also zu Schlagholz.

§. 176. Die Esche kommt in einem Jahrhundert zur Vollkommenheit; dann fällt man das Stammholz um Weihnachten, es wird sonst leicht wurmstichig; es dient zu allerhand Holzwerke, die trocken bleiben, zu allerhand schöner Schreinerarbeit, zu Faßbänden vortreflich; den Stellmachern ist es vorzüglich nüzlich, weil es zäh und biegsam ist. Zu Brenn- und Kohlholz; die Rinde in der Medizin, vielleicht auch zum Färben und Gerben; die Blätter zum Futter, die Wurzel zum

Fourniren, u. f. w. Die Esche wird zwischen 200 biß 300 Jahre alt.

§. 177. Der Ahorn, Acer pseudoplatanus L. Die Ehre, die Ohre, die Wald-Esche, die Stein-Ahre, die Arle, die Urle, das Spillenholz, der weise Ahorn, der deutsche Ahorn, der Urlenbaum, Weinblatt — ist ein ziemlich hochstämmiger schöner Waldbaum. Dessen Wurzel ist stark, fest, weit- und tiefgehend; die Rinde glatt und weißlich; das Holz weißgelb, schön, fest, feinjährig und zartfaserig; die Blätter sind groß, breit, und haben fünf ungleiche Einschnitte, oben dunkel-grün, unten weiß-grau wolligt, und stehen auf langen rothen Stielen; die Zwitterblüthe erscheint im April; darauf folgt ein geflügelter Saame, welcher im Oktober reif wird, und sich ein biß zwei Jahre aufbehalten läßt.

§. 178. Man säet den Ahornsaamen bei trockenem Wetter, im Frühling oder Herbst, in Riefen einen Zoll tief, in eine schattigte, nicht zu trockene, schwarze, nahrhafte, lockere Walderde. Die Herbstsaat geht im Frühjahr, die Frühlingssaat aber in 6 Wochen auf. Die Steckreiser schlagen nicht an, doch kann man ihn durch Ableger fortpflanzen; den jungen Stamm verpflanzt man im 10ten biß 15ten

Jahr, im Frühling, in nicht zu tiefe Löcher; der Stock schlägt an der Wurzel aus, daher kann man den Ahorn 40 biß 50 Jahre als Schlagholz nuzen.

§. 179. Der Ahorn erfordert fast 200 Jahre zu seiner Vollkommenheit, alsdann fällt man ihn im Spathherbst. Das Holz gehört unter die besten Werkhölzer: alles Geräthe, es mag so fein seyn als es will, wird zum schönsten daraus verfertiget, daher es die Schreiner, künstliche Holzarbeiter, Kunstdrechsler, musikalische Instrumentenmacher, u. dgl. fast allen einheimischen Holzarten vorziehen. Der Saft des angebohrten Ahorns giebt einen guten Zucker. Er wird über 400 Jahre alt.

§. 180. Die Lenne. Acer platanoides L. Die Lehne, die Löhne, der Leinbaum, der Linbaum, Breitlaub, Breitlöbern, Breitblatt, Weinblatt, die Lein-Ahre, Berg-Ahorn, groser spizblätteriger Ahorn, Spiz-Ahorn, deutscher Zucker-Ahorn, Breitlehne, groser Milchbaum, deutscher Salatbaum — ist ein mäsiger Buschbaum. Die Wurzel ist wie bei dem obigen gemeinen Ahorn; die Rinde ist weiß und glatt; die Blätter sind ungefähr wie bei dem Ahorn, aber kleiner; auch die Blühte unterscheidet sich wenig von jener; desgleichen auch der Saamen; das Holz aber ist nicht so fein, doch hart und zähe; es gehört zum Buschholz, und wird auch so am mehresten benuzt. Uebrigens ist der Karakter der Lenne dem Ahorn fast gleich.

§. 181. Der **Masholder**, Acer campestre L. Der kleine deutsche Ahorn, Masholder, Maßeller, Eplern, Aplern, Appeldören, Wittnebern, Schwebstockholz, Weißlöter, Weißbaum, Weißeper, kleiner Ahorn, kleinblätteriger Milch-Ahorn, Merle, Meveller, Auerle, Rappelthän, Schreiberholz oder Laub, Weißepper, Kreuzbaum, Wasserhülse, Bißbaum, Angerbinbaum — ist ein Buschbaum und oft auch ein Strauch. Die Wurzel ist wie bei dem Ahorn; die Rinde ist rauh, rissig, gelb-braun; das Holz ist weiß, zäh, hart und fest; die Blätter sind kleiner, in fünf Haupteinschnitte getheilt, welche stumpfe Spizen und kleine Einschnitte an den Seiten haben; Blühte und Saamen kommen mit dem Ahorn biß auf eine kleine Abänderung ziemlich überein; die Blätter haben bei der Lenne und dem Masholder einen milchigten Saft; das Holz ist besonders zu Peitschenstöcken und wo maserigte Hölzer gebraucht werden, dienlich; übrigens verhält es sich ziemlich wie die Lenne und der Ahorn.

§. 182. **Die Hainbuche,** Carpinus Betulus L. Die Weißbuche, die Hagenbuche, die Hackebuche, die Haubuche, die Hachenbuche, die Steinbuche, die Zaunbuche, die Zwergbuche, Rollholz, Flegelholz, Hartholz, die Horn-Raubuche — ist ein Buschbaum von mittelmäsiger Gröse, zuweilen wird auch ein ziemlich groser Baum daraus. Die Wurzel ist stark, ästig, gräbt tief unter sich, und greift weit um sich; die Rinde ist grau und glatt; das Holz weiß und fest; die Blätter sind eirund zugespizt, gekerbt, mit starken Rippen und Falten; die Blühte ist männlich und weiblich, getrennt auf einem Stamm, und erscheint im Frühling; die Frucht besteht aus traubenförmigen Saamenbüscheln, welche harte Nüsse mit einem dreieckigten eßbaren Kern enthalten; dieser Saamen hält sich über ein Jahr, und er wird im Oktober reif.

§. 183. Man säet den Hainbuchensaamen im Herbst, alsbald nachdem er reif ist, bei trockenem Wetter, in einen guten gemischten Waldgrund, in Linien, anderthalb Zoll tief unter die Erde; er geht erst nach anderthalb Jahren auf; die Steckreiser gedeien nicht; den jungen Stamm verpflanzt man im 10ten biß 15ten Jahr, im Frühling, in nicht zu tiefe Löcher; der Stock schlägt an der Wurzel biß gegen das 60ste Jahr aus, und kann auch so lang als Schlagholz genuzt werden.

§. 184. Die Hainbuche wird gegen das 200ste Jahr vollkommen; dann fällt man sie im Herbst. Das Holz dient zu Drillingen und überhaupt bei dem Mühlenbau, desgleichen zu Stampfen, Schreinerarbeit, den Stellmachern, zu Flachsbrechen, kurz, wo man nur zähes und festes Holz nöthig hat, besonders auch den Böttgern; sonst dient die Hainbuche auch zu Kappholz, zu Hecken, zu vortreflichem Brenn= und Kohlholz u. s. w. Sie wird 200 biß 300 Jahre alt.

§. 185. Die Linde, Tilia Europea Mil. Die Sommerlinde, die gemeine großblätterige Linde, die Wasserlinde, die Graslinde, Lastholz, Holländische oder Hamburger Linde, Frühlinde, die gemeine wilde und zahme Linde — ist ein großer Baum, der aber nicht in die Wälder gehört, sondern einsam erzogen wird. Die Wurzel ist stark und fest, sie geht ziemlich tief, und unter den bekannten Laubhölzern fast am weitesten rund um sich her; die Rinde ist in der Jugend schleimig saftig und dunkel=grau, im Alter aber dick, rauh, rissig und schwärzlich; das Holz ist weiß, weich, leicht, dabei fein und zäh=rissig; die Blätter sind herzförmig, rundlich, oben spiz, runblich zugespizt, gezahnt, die Oberfläche dunkel-grün glänzend; die Zwitterblühte erscheint im Junius und Julius, darauf folgt eine Frucht, welche eine runde harte Kapsel mit fünf Fächern ist, die sich mit eben so viel Deckeln öfnen, und runde einzelne Saamenkörner enthalten. Dieser Saamen wird im Oktober reif, und hält sich ein Jahr.

§. 186. Den Lindensaamen säet man am besten sogleich im Herbst, bei trockenem Wetter, in einen feuchten lockern Grund, obgleich die Linde mit allen Arten des Erdreichs, besonders aber mit einem sandigten trockenen Boden, zufrieden ist. Die Saat geschieht am besten nur flach, sie geht im folgenden Frühjahr auf, Steckreiser bekleiben nicht, wohl aber Ableger; den jungen Stamm verpflanzt man im 24sten biß 30sten Jahr im Herbst oder Frühjahr in grose Löcher; der Stock schlägt biß ins Alter aus.

§. 187. Die Linde bekommt ihre Vollkommenheit nach 100 Jahren; man fällt sie im Herbst; das Holz dient vorzüglich zu allerhand Bildschnizerarbeit; die Kohlen zum Schießpulver und Zeichnen; die Kerne geben ein herrliches genießbares Oel; der Bast giebt Stricke und Matten. Die Linde wird 600 bis 800 Jahre alt. Die **Winterlinde**

Tilia cordata L. findet sich hie und da in den Wäldern, sie ist überhaupt dauerhafter, aber zum Anbau zu Alleen nicht so schön.

§. 188. Die **weiſe Pappel**, Populus alba L. Die Silberpappel, der Weißalberbaum, der Weißbaum, der Bellbaum, Heilgen- oder Götzenholz, Lawele, Albe, Albele, Pappelweibe, Abielbaum, Avelken, Tabelken, Alber, Albernbaum, Alberbruſt, Weißalber, Schneepappel, Vollweide, Volle, Alaprobſt, der deutſche Silberbaum, Papierbaum, Wunderbaum, Weißſaarbaum, Saarbachsbaum — iſt ein mäſiger Buſchbaum. Die Wurzel geht ſehr weit um ſich, und treibt viele Wurzellohden; die Rinde iſt aſchgrau und glatt, im Alter riſſig; das Holz der alten Bäume ſieht wie Nußbaumholz aus, iſt faſrigt und fein, das junge aber iſt weiß, weich und ſehr faſerigt; die Blätter ſind geſchoben viereckigt, rundlich am Stiel, vorn ſpizig, der Rand gezahnt, zuweilen etwas tiefer eingeſchnitten, die Unterfläche und der Stiel ſind in der Jugend ſilberweiß wolligt, die obere Seite iſt dunkel-grün; die Blühte iſt männlich und weiblich, getrennt auf verſchiedenen Stämmen, und kommt im Mai; darauf folgt ein ſchuppigtes Käzgen, welches vielen flügenden Saamen enthält, der im Junius reif wird.

§. 189. Den Pappelsaamen säet man in feuchten lockern Grund, gleich nachdem er reif ist, in beliebiger Witterung, nur flach in den Boden. Die Fortpflanzung geschieht auch füglich durch Steckreiser und Wurzellohden; die Saamenstämme verpflanzt man im 4ten Jahr; der Stock schlägt stark aus biß ins Alter.

§. 190. Die Pappel ist vom 20sten biß ins 30ste Jahr schon vollkommen; man fällt sie spät im Herbst; das Holz dient zu allerhand Schreinerarbeit und Geräthen im Trockenen, wo ein leichtes und eben nicht so festes Holz nöthig ist, desgleichen im Fall der Noth auch zum Brennen; die maserigte Wurzel ist zum Fourniren sehr gut. Die Pappel kann, wenn sie auch kernfaul ist, 100 Jahre alt werden.

§. 191. Die **schwarze Pappel**, Populus nigra L. Die Pappelweide, die Sarbache, der Sarbaum, der schwarze Alberbaum, der Wollenbaum, Felbaum, Salbenbaum — ist ein Buschbaum wie der vorige, und in wenigen Nebenstücken von ihm verschieden: die Unterfläche der Blätter ist nicht wollig; die Rinde ist schwärzlich, daher der Name. Sie ist nicht so nothwendig an den feuchten Boden gebunden; ihre Knospen sind von Alters her in der Medizin bekannt; und ihr

Die Forstbotanik.

Forstkarakter ist übrigens mit dem vorigen gleich.

§. 192. Die **Espe**, Populus tremula L. Die Aspe, der Aspenbaum, die Lybische Pappel, die Zitter-Flitter-Rattel-Pattel-Baber-Beber-Flitter-Flatter- und Rattel-Esche, der Ratteler, Zitterbaum — gehört unter die kleinen Waldbäume. Die Wurzel ist wie bei den Pappeln; die Rinde dunkelgrünlich; das Holz weiß, glatt, leicht und weich; die Blätter sind groß oder klein, je nachdem der Boden beschaffen ist, sie sind rundlich mit einer Spize, dick und steif, am Rand starkgezahnt, die Oberfläche ist hell-grün, die untere weißlich, sie zittern an ihren langen Stielen im kleinsten Lüftgen; die Blähte ist wie bei der Pappel, so auch der Saamen, desgleichen die Fortpflanzung.

§. 193. Die Espe liebt zwar auch einen feuchten Boden, doch wächst sie auch an dürren Hügeln und im Flugsand, wo sonst nicht gern etwas wächst; das Holz dient zu allerhand gemeinem Hausgeräth; die Rinde zum Gerben, die Kohlen vorzüglich zum Büchsenpulver; bei dem Ziegelbrennen hat das Espenholz etwas vorzügliches; sie werden dadurch bläulich, glasurartig. Die Espe kann 100 Jahre alt werden.

§. 194. Der **Vogelbeerbaum**, Sorbus aucuparia L. Der Quitsern- oder Quizenbeerbaum, Ebereschen, Waldeschen, Ebschen, Eschrösel, Arschrösel, Arestel, Maasbeer, Gürmschbaum, Ebrizbaum, Eibschbeerbaum, Hauneschbaum, Pillbeerbaum, Qualster, wilder Sorbenbaum, Sperbeerbaum, Masbeerbaum, Wielaisch, Limbaum — ist ein mäsiger Buschbaum. Er hat eine ziemlich tiefgehende Wurzel, die sich auch weit ausbreitet und viele Sproßen treibt; die Rinde ist braun und weiß-gedüpfelt; das Holz etwas bräunlich, zäh, hart und fest; jedes Blatt bestehet aus paarweiß an einem Stiel stehenden lanzettenförmigen hell-grünen Blättern, deren Unterfläche weißlich ist, und 9 biß 13 beisammen stehen; die Zwitterblühte erscheint zu Ende des Mai's, und bringt roth-gelbe Beeren, welche schön und traubenförmig beisammen stehen, und Anfangs Oktobers reif werden; diese enthalten drei länglichte zähe einzelne Saamkerne, welche sich aber nicht aufbewahren laßen.

§. 195. Die Vogelbeeren werden gleich im Herbst bei trockenem Wetter in Riesen gesäet; jeder Boden ist dazu dienlich, doch ist der naße und starke der beste; im Frühjahr geht die Saat auf. Die Fortpflanzung durch die

die Wurzelsprossen ist oft hinlänglich; den jungen Baum verpflanzt man im 15ten biß 20ten Jahr in mittelmäsige Löcher, im Frühling. Der Stock schlägt 30 biß 40 Jahre aus, und so lang kann man auch das Schlagholz benuzen.

§. 196. Der Vogelbeerbaum gelangt gegen das 80ste Jahr zu seiner Stärke, dann fällt man ihn im Herbst; das Holz dient den Stellmachern, Schreinern, Büchsenschäftern, Kleinböttgern, Mühlenbaumeistern zu Kammen, zu manchfaltigem kleinem Geräthe, und zu gutem Brennholz; die Beeren dienen besonders zur Aezung für die Vögel. Diese Pflanze wird 150 Jahre alt.

§. 197. Der Spierlingbaum, Sorbus domestica L. Der Spejarlingbaum, der Spierbirn- oder Spornbirnbaum, der Spieräpfel- oder Sporäpfelbaum, der Sperbaum, der Sperbeerbaum; Eschröslein, Escherizen, die Adel-Esche — ist ebenfalls ein Buschbaum, doch wird er gewöhnlich etwas gröser als der Vogelbeerbaum; er unterscheidet sich von ihm durch den Geruch der Blätter: denn die Blätter des Vogelbeerbaums stinken, wenn man sie zerreibt, leztere aber nicht; auch sind die Blätter auf der untern Seite wollig, und das Holz ist noch härter und schöner. Die

Beeren werden mit der Zeit weich und eßbar, ſitzen einzeln, geben Cyder und ſtarken Brantewein.

§. 198. **Der wilde Birnbaum,** Pyrus pyraſter L. Der Holzbirnbaum, Knötelbaum, Saubirn, Feldbirnbaum, Geißbohnen, Keutſchen, Hölſgen — iſt ein hoher ſtarker Baum, hin und wieder ſtachlicht, und kein gewöhnlicher Waldbaum, ſondern er findet ſich nur hin und wieder in den Wäldern, wo ihn der Zufall durch einen Kern gepflanzet hat. Die Wurzel geht tief und weit um ſich; die Rinde iſt bräunlich; das Holz roth-gelb oder roth, hornfeſt, zähriſſig, ſchwer, ſehr kleinjährig und feinfäſerig; die Blätter ſind eiförmig, oben grün-glänzend, unten etwas wollig und fein gezahnt; die Zwitterblühte kommt büſchelweiß im Mai; darauf folgt eine Birn, welche ſauer, herb und klein iſt, im Oktober reif, und dann zur Noth eßbar wird; der Saamen, der aus etlichen ſchwarz-braunen markigten Kernen beſteht, hält ſich ein Jahr.

§. 199. Dieſen Saamen kann man im Frühjahr bei gutem Wetter in Rieſen ſäen; er geht in 6 Wochen auf. Ein guter gemiſchter Waldboden iſt am zuträglichſten. Die Steckreiſer gedeihen nicht; den jungen Stamm kann man im Frühling oder im Herbst in kleine Löcher verpflanzen, wenn er 13 biß 15 Jahre alt ist; der Stock schlägt zwar aus, aber das Schlagholz erreicht keine sonderliche Stärke, auch ist es zu kostbar.

§. 200. Nach 70 Jahren ist der Birnbaum ausgewachsen, alsdann fällt man ihn im Herbst; das Holz dient zu allerhand feinen Arbeiten, besonders zu Druckerformen, Holzschnitten, Modellen und feinen Drechslerwaaren; die Frucht dient zur Mast, zu Cyder, Essig und Brantewein. Dieser Baum wird gegen 200 Jahre alt.

§. 201. Der wilde Apfelbaum, Pyrus malus sylvestris L. Der Holzapfelbaum, Waldapfelbaum, Sauapfelbaum, Hermelting- oder Holzstöckelingbaum, Buchäpfel, Holzströhmlingsbaum, Wildling — ist zuweilen ein Baum, zuweilen ein Dornstrauch. Die Blätter sind flach gezahnt, unten feinhaarig; die Frucht ist ein kleiner überaus herber und saurer Apfel; das Holz ist etwas weicher als der Birnbaum; übrigens ist der Forstkarakter mit demselben einerlei.

§. 202. Der Schwarzdorn, Prunus spinosa L. Der Schleedorn, Schlehenbaum, Schlehenstrauch, Dornschlehen, Heckschlehen, Spinling, wilder Kriechenbaum, Kietschenpflaumen, Heckdorn — ist ein Strauchgewächs, das aber aus dem Baumgeschlechte entsprungen ist, und durch Veredeln und Fleiß wieder zum Baum gezogen werden könnte, wenn's der Mühe lohnte. Die Wurzel ist knostig, behnt sich weit aus, und wuchert mit vielen Wurzellohben; die Rinde ist schwarzbraun und sehr stachlicht, zugleich auch bitter; das Holz des Stamms ist hart, bräunröthlich, faserig und zähe, läßt sich aber nicht gut glatt bearbeiten; die Blätter sind länglich, glatt, fein gezahnt, und bitter; die Zwitterblühten kommen zu Ende Aprils, und darauf folgt eine kleine runde schwarze, mit einem bläulichten Thau überzogene Pflaume, welche im Oktober reif wird, und einen steinigten Kern mit dem Saamkorn enthält; die Kerne halten sich nicht.

§. 203. Wer den Schleedorn erziehen will, der stecke die Kerne oder die Frucht selbst sogleich im Herbst in einen guten fruchtbaren Boden, bei trockener Witterung; die Saat geht im Frühjahr etwas spät auf; die Steckreiser gedeihen nicht; will man den jungen Strauch verpflanzen, so geschieht das im 8ten Jahr im Frühling, in Löcher, die nicht tief sind; der Stock schlägt an der Wurzel aus, so, daß man den Schleedorn als Schlagholz

Die Forſtbotanik.

zu den Grabirhäuſern bei Salzwerken benuzen kann.

§. 204. Der Nuzen des Schleedorns iſt gering; will man aber ja das Holz zu Nuzholz gebrauchen, ſo kann man es nach 20 Jahren thun; er iſt nicht einmal zu Hecken dienlich; ſeine Vortheile beſtehen vornämlich in folgenden Stücken: die Zweige kann man zu den Salzgrabirhäuſern gebrauchen; aus der Rinde iſt vielleicht noch eine gute Farbe zu machen; die Blühte wird ſtark zur Arznei gebraucht; aus den Schleen wird durch Zuſaz des Vitriols Dinte gemacht; auch kann man einen guten Eſſig und den Schleenwein daraus bereiten. Dieſe Pflanze dauert etwa 40 Jahre.

§. 205. Der **Kriechenbaum**, Prunus inſititia L. Zahme Schlehen, Haberſchlehen, iſt eben ſo eine Pflaumenart, wie die vorige und folgende. Die Blätter ſind etrund, gezahnt, und unten wolligt; der Strauch iſt weniger ſtachlicht, als der Schleenborn; die Frucht gröſer und milder. Er bekommt auch öfter die Geſtalt eines Baums, als der Schwarzborn. Das Holz iſt ſchöner und flammigt.

§. 206. Der **wilde Pflaumbaum**, Prunus vulgaris L. Wilder Quetſchenbaum,

Bauerpflaume, entsteht in den Forsten auf eben die Weise, wie die übrigen wilden Obstbäume; er hat die Gröse des zahmen Pflaumbaums; seine Wurzel ist stark, hart, zäh, nicht tief gehend, aber sie wuchert stark um sich; die Rinde ist rauh, braun; das Holz ist zwar hart, aber spröde, sonst schön roth und fein; die Blätter sind bald rauh, bald glatt und dunkel-grün; die Zwitterblühten kommen im Mai; darauf folgt die wilde Pflaume, welche wohl bekannt ist, und im Herbst etwas später als die zahme reif wird. Der Kern hält sich nicht lang.

§. 207. Den Kern steckt man so, wie bei dem Schwarzdorn; die Steckreiser wachsen nicht; den jungen Stamm kann man im 10ten Jahr im Frühling verpflanzen; der Stock schlägt zwar aus, doch aber wird er nicht zu Schlagholz benuzt.

§. 208. Das Stammholz wird gegen das 30ste Jahr vollkommen, und dann ist es den Tischlern und Drechslern sehr angenehm. Die Frucht wird auf manchfaltige bekannte Weise benuzt. Dieser Baum wird 50 biß 60 Jahre alt.

§. 209. Der wilde Kirschbaum, Prunus Avium L. Der Twiesel- oder Zwieselbeerenbaum, der Kaßbeerenbaum, der wil-

Die Forstbotanik.

de Kirschenbaum, die wilde Vogelkirsche, Wißbeere, Mispelbeere, Karsten, Wasserbeere, Haferkirsche, Kostebeere — ist unter den wilden Obstbäumen der größte, gerabstämmigste und schönste. Die Wurzel ist stark, geht mittelmäsig tief, aber mit vielen Wurzellohden weit um sich; die Rinde ist aschgrau, glatt und etwas ins Bräunliche fallend; das Holz ist bald roth, bald gelb, bald rothgelb, gerad-rissig, fein-faserig, und kleinjährig; die Blätter sind eirund, lang zugespizt, grob-aberig, doppelt gezahnt und hellgrün; die Zwitterblühte kommt im April und Mai; darauf folgt die schwarze oder auch rothe Kirsche, welche im August erst reif wird, und sich zur Saat nicht halten läßt.

§. 210. Die Kerne säet man gleich im Herbst, in guten fruchtbaren Boden, in Riesen, einen Zoll tief, bei trockenem Wetter, im Frühling gehen sie erst auf; Steckreiser gedeihen nicht; den jungen Stamm verpflanzt man im 16ten bis 20sten Jahr im Frühling. Der Stock schlägt aus, aber nicht zu Schlagholz.

§. 211. Der wilde Kirschbaum erreicht seine Vollkommenheit gegen das 80ste Jahr; man fällt ihn im Späthherbst; das Holz dient zu feinen Schreiner- und Drechslerarbeiten, die Frucht zu allerhand häuslichen Sachen, zu Lattwergen, Brautewein u. dgl. Der Kirschbaum wird 150 Jahre alt.

§. 212. Die **Mahalebkirsche**, Prunus Mahaleb. L. Der Dintenbeerbaum, wächst zu einem mäsigen Busch- oder Heckbaum, oder Strauch, und wird hin und wieder in Deutschland gefunden. Die Eigenschaften der Wurzel sind mir nicht bekannt; die Rinde der Zweige ist grau und glatt; das Holz ist bräunlich, frisch riecht es unangenehm, trocken aber ist es wohlriechend; die Blätter sind herzförmig, oben zugespizt, unten breit, sie sind dick und stark, fein gezahnt, dunkel-grün glänzend, unten fein=aderig; die Zwitterblühte kommt im Mai und Junius; darauf folgt eine schwarze, glatte, eiförmig zugespizte, unschmackhafte Kirsche, in der Größe einer Erbse, der Saft ist purpurfarbig, sie werden im Julius reif; der Saame hält sich nicht lang.

§. 213. Man säet die Kerne im Herbst bei trockener Witterung, in Riefen, einen Zoll tief, in jeden Boden, denn sie kommen auch im schlechten steinigten fort; die Saat geht im Frühjahr auf; die Steckreiser gedeihen nicht. Das Verpflanzen geschieht wie bei dem wilden Kirschbaum; der Stock schlägt an der Wurzel aus, und es kann dieses Gewächs biß ins Alter zu Schlagholz dienen.

§. 214. Wie bald dies Holz zu seiner Vollkommenheit komme, weiß ich nicht; man fällt es zu Schlagholz im Frühjahr, zu Stammholz im Herbst; lezteres dient zu allerhand feinen Tischler- und Drechsler-Arbeiten, zu Weinpfählen, und die Kirschen zur Vogelazung. Das höchste Alter des Baums ist mir unbekannt.

§. 215. Die Hohlkirsche, Prunus padus L. Die Traubenkirsche, Büschelkirsche, Vogelkirsche, Alpkirsche, die schwarze Weide, der Stinkbaum, der Faulbaum, Elpel, Epen, Ehlen, Tölpenchen, Potscherpen, Patscherpen, Scherpken, Haubeeren, Ahlkirsche, Altbaum, Eleren, Pabstwiede, Wiedebaum, Kandelwiede, Wasserschlinge, Trieselbeere, Kaulbeere, Kintschelbaum, Faulbeere, Hundsbaum, Drachenbaum, Haarholz, schwarz Bendelholz, gemeines St. Lucienholz, Hexenbaum, Hühneraugenbeeren — ist ein ziemlich starker groser Buschbaum. Die Wurzel ist ziemlich tiefgehend, und weit wuchernd, mit vielen Wurzelsprossen; die Rinde der Zweige ist braun, hin und wieder mit kleinen Warzen besezt; das Holz ist ziemlich hart und zähe, der Splint weiß, der Kern hellbraun, auch ist es seidenartig und hell-gelb; die Blätter sind länglich oval-sägenförmig gezahnt, die obere Fläche hell-grün, die unter weißlich-grün; die Zwitterblühte erscheint im Mai und Junius; darauf folgt eine kleine runde Kirsche, in der Gröse einer Erbse, welche bei der Reife im August und September schwarz wird. Die Kerne halten sich nicht lang.

§. 216. Man säet die Traubenkirsche sogleich im Herbst im trockenen Wetter, in Riefen einen Zoll tief, in einen feuchten schattigten Boden; die Saat geht im Frühjahr auf; man kann auch die Fortpflanzung durch Ableger und Schnittlinge bewürken; im dritten Jahr verpflanzt man die Hohlkirsche, im Frühjahr zu Hecken oder Stammholz; der Stock schlägt zu Schlagholz biß über 40 Jahre aus.

§. 217. Die Traubenkirsche wird nach 40 Jahren haubar; das Holz heißt in Frankreich St. Lucienholz, und dient zu feiner Schreiner- und Drechsler-Arbeit, die schlanken Zweige auch zu Reifstangen; überhaupt aber treibt man in Büschen und Wäldern die Traubenkirsche im Schlagholz zu Brand- und Kohlholz mit ab; die Kohlen können auch zum Schießpulver gebraucht werden. Das höchste Alter kommt an 100 Jahre.

§. 218. Die **Weide**, Salix. Die Weidenarten sind sehr manchfaltig: bald sind sie Bäume, bald Buschholz, bald geringe Sträucher. Sie kommen fast alle darin überein, daß sie männliche und weibliche Blühten getrennt auf verschiedenen Pflanzen tragen, und daß der Saamen sehr fliegend ist. Es ist daher möglich, daß bei so naher Verwandschaft der Weidengeschlechter, durch Befruchtung verschiedener Blühten, ganz neue Abarten von Zeit zu Zeit entstehen, so, daß sie nicht wohl alle zu bestimmen sind; dazu kommt noch, daß die Wurzeln zuweilen wuchern, und Lohden treiben; sogar scheint diese Art der Fortpflanzung, nebst derjenigen, welche durch Steckreiser geschieht, die leichteste zu seyn. Ich will daher den Forstkarakter aller Weiden zusammennehmen, in wie fern sie übereinstimmen, und hernach noch eine jede besonders anzeigen, in welchen Stücken sie sich von allen andern unterscheidet.

§. 219. Die Weide ist in allen ihren Geschlechten durchgehends ein Buschgewächs, einige, und vielleicht die mehresten, werden bei guter Erziehung zu ordentlichen Bäumen. Die Wurzel breitet sich nicht so weit aus, als bei den Pappeln, doch aber wuchert sie stark mit Wurzellohden, je nachdem es die Art des Geschlechts und des Bodens mit sich bringt. An den Zweigen ist die Rinde glatt, bald weißlicht-braun, bald röthlich, oder röthlich-gelb;

das Holz ist fein und zäh-faserig, aber im Stammholz läßt es sich gar nicht glatt hobeln, dabei ist es weiß, sehr weich und schwammig, auch gar nicht dauerhaft; die Blätter sind bald steif, glänzend, lanzettenförmig, bald mehr oval und wolligter; die Blühten sind durchgehends sowohl auf den männlichen als weiblichen Pflanzen, Käzzen oder Schäfgen, welche gewöhnlich im Mai, bald früher, bald später, erscheinen; darauf folgt der fliegende kleine Saamen, welcher gegen den Herbst reif wird.

§. 220. Wenn man nicht aus besondern Ursachen die Weiden aus dem Saamen erzeugen will, so geschieht es weit füglicher durch Steckreiser, welche man im Frühjahr frühzeitig ohne Verlezung der Rinde in einen feuchten Boden, welchen die Weiden fast alle lieben, in Löcher einsteckt, allwo sie leicht gedeihen, und oft zu grosen Bäumen werden können. Die Weiden schlagen stark am Stock aus, und können daher, wegen ihres geschwinden Wuchses, zu Korbweiden und Reisholz alle 4 biß 6 Jahre gekappt werden.

§. 221. Die grose Weidenarten gelangen gegen das 50ste biß 60ste Jahr zur Vollkommenheit eines ordentlichen Stammholzes, welches aber besonders bei den Kappweiden gern kernfäul wird. Die Bretter haben nirgends bessern Nuzen, als bei den ledernen Blasbälgen auf groben Hüttenwerken, sie springen nicht leicht, wenn sich auch der Wind sezt, sind dabei leicht und zäh; sonst aber sind sie wenig nüze, denn sie dauern nicht lange, und lassen sich gar nicht poliren. Die Weidenruthen haben mannichfaltigen Gebrauch: zu allerlei Korbgeflechten, zum Abdämmen des Gewässers, zu Faschinen, zum Binden der Faßreifen, u. s. w. Die Weide, wenn sie zum Baum erwächst und ungestört bleibt, erreicht ein Alter von 100 Jahren.

§. 222. Die Busch- Korb- oder Erd-Weide, Salix triandra L. ist ein Strauchgewächs. Die Rinde an den Zweigen ist braungrünlich, auch braun-röthlich; die jungen Blätter sind oval-länglich, die ältern den Lorbeerblättern ähnlicher, der Rand ist scharf gezähnt, die Zweige sind sehr biegsam und fest, und daher zu Körben sehr brauchbar.

§. 223. Die Lorbeerweide, Salix pentandra L. Baumwollenweide, wird zu einem mäsigen Baum. Die Rinde ist gelbröthlich, glänzend an den Zweigen, am Stamm rissig, ungefähr wie an den Eichen; das Holz ist wie an allen Weiden, doch sind die Zweige etwas spröde; die Wolle an den Käzgen hat

man gesammelt, und wie Baumwolle zu brau=
chen gesucht.

§. 224. **Die mandelblätterige Weide,**
Salix amygdalina L. Die Rinde der Zwei=
ge und der Blattstiele ist hell=grün und glatt;
das Holz zäh und nuzbar; die Blätter sind
groß, glatt, theils eirund zugespizt, theils
länglich; die Oberfläche ist dunkel=grün, die
untere weißlich mit dunkeln Adern, der Rand
gezahnt; die weibliche Käzgen sind sehr lang
und wollig.

§. 225. **Die gelbe Weide,** Salix vi-
tellina L. ist ein kleiner Baum; die Rinde
an den Zweigen ist gelb orangefärbig, und et=
was wollig; die Blätter sind oval=länglich,
der Rand stumpf gezahnt, die beide Flächen
sind glatt und grün, die untere aber bläulich=
grün. Diese Weide ist zum Kappen besonders
brauchbar.

§. 226. **Die Bruchweide,** Salix fra-
gilis L. ist ein mittelmäsig=hoher Buschbaum;
die Rinde ist an den jungen Zweigen weißlich=
grün, an den ältern braun=roth; die Blätter
sind länglich zugespizt, der Rand gezahnt, die
Blätterstiele gefranselt und gekerbt, die Ober=
fläche dunkel=grün, glatt und glänzend, die
untere bläulich=grün mit grünlichen Adern;
das Holz der Zweige ist brüchig.

§. 227. Die Bachweide, Salix Helix L. ist ein Strauchgewächs; die Rinde der jungen Zweige ist gelblich oder grün-röthlich und glatt, bei ältern rauh und dunkler; die Blätter sind zart, länglich, oben gerundet, und breiter als unten, die Oberfläche ist hell-grün und glänzend-glatt, die untere bläulich-grün. Diese Weide dient zum Korbmachen und zu Besestigung der Dämme.

§. 228. Die rothe Weide, Salix purpurea L. soll mit der vorigen einerlei seyn; indessen wird sie doch zum Baum, und als eine Kappweide benuzt; im Winter kennt man sie an der roth-braunen Rinde.

§. 229. Die weise Weide, Salix alba L. wird zum ordentlichen Buschbaum, oft bleibt sich auch ein Strauch. Die Rinde ist an den Aesten glatt und braun, am Stamm borstig; das Holz ist an den jungen Zweigen biegsam und zäh, an den ältern brüchig; die Blätter sind lanzenförmig, die Oberfläche ist glänzend-blaß-grün, die untere voller weisen Härgen, daher der Name, der Rand ist fein röthlich gezahnt; die Rinde dient zur Farbe und zur Medizin.

§. 230. Die Korbweide, Salix viminalis L. ist ein ziemlich starker Strauch; die Rinde ist glatt, an den jungen Zweigen grau-

haarig, an den ältern grün-gelblich; das Holz
ist zäh; die Blätter sind unter allen Weiden-
blättern die längsten, vorn und hinten spiz,
und wellenförmig gezahnt, oben hell-grün,
glatt, mit vertieften Adern; unten fein weiß-
haarig. Die Korbweide dient zu Körben und
Befestigung der Ufer.

§. 231. Die Werftweide, Salix ca-
prea L. wird zum grosen Strauch, und wächst
gern auf trockenem Grund. Sie wuchert so
stark, daß man sie kaum ausrotten kann; die
Rinde der jungen Zweige ist grau und wollig,
der ältern grau und ohne Wolle; das Holz
biegsam; die Blätter sind groß, eiförmig,
die Oberfläche ist grünglatt, die untere weiß-
wollig, der Rand hin und wieder etwas wellenförmig gezahnt. Diese Weide treibt sehr
schnell. Das Holz und die Stangen dienen zu
vielerlei Geräthen, auch kann die Rinde zum
Färben gebraucht werden.

§. 232. Die Bruchwerftweide, Sa-
lix arenaria L. ist ein kleiner Strauch. Die
Rinde der Zweige ist braun-roth, hin und
wieder etwas haarig; die Blätter sind oval,
klein, zugespizt, der Rand ist ungezähnt, die
Oberfläche dunkel-grün, die untere weiß-wol-
lig, silberfärbig. Noch ist von diesem Strauch
kein besonderer Nuzen bekannt.

§. 233.

§. 233. Die **Koppelweide**, Salix incubacea L. ist ein kriechendes auf Heiden und im Flugsand wachsendes Erdgehölz. Die Rinde ist gelblich, die Blätter sind eirund zugespizt, oben grün, unten wolligt glänzend. Wenn sich die Saamenkapseln öfnen, so erscheint der Strauch wegen Menge der Wolle wie mit Seide überzogen. Doch ist von dieser Wolle gar kein Nuzen zu erwarten.

§. 234. Die **kleine Werftweide**, Salix aurita L. kann zu einem mäsigen Stamm erzogen werden, doch bleibt sie gewöhnlich ein Strauch. Die Blätter sind auf beiden Seiten wollig; die Rinde ist dunkelroth und zähe. Diese Weide liebt einen nassen Sand.

§. 235. Die **Rosmarinweide**, Salix Rosmarini folia L. ist ein Strauchgewächs, welches das Wasser vorzüglich liebt. Die Wurzel ist schwarz, schief fortlaufend, und treibt lauge schöne Ruthen, mit einer dunkelgelben Rinde, welche sehr zähe sind; die Blätter sind lanzettenförmig, oben glatt, unten haarig; die Spizen der Blätter sind rückwärts gebogen. Diese Weide dient zu Körben, Faschinen und Dämmen.

§. 236. Der **Spindelbaum**, Euonymus Europaeus L. Der Spillbaum, Pfaffenhütlein, Pfaffenröslein, Pfaffenpfötgen, Hahnenklötgen, Mitschelinsholz, Mangelbaum, Zweckenholz, Weschelholz, Schlimpfenschläglein, Eierbrettholz, Hahnhütleinsbusch, Anisholz, Pfefferholz — Ist zwar gewöhnlich ein Strauch, aber er kann mit leichter Mühe zum Buschbaum erzogen werden. Die Wurzel geht etwas tief, dehnt sich auch ziemlich aus, und treibt viele Sprossen; die Rinde ist an den jungen Zweigen grün, mit vier röthlichen Linien, so, daß sie viereckigt zu seyn scheinen, an ältern Zweigen ist sie grau; das Holz ist gelb, feinfaserig, zäh und fest; die Blätter stehen immer paarweise gegen einander über, und sind glatt, dunkelgrün, länglich-elliptisch, und an den zurückgeschlagenen Rändern fein gezahnt; die Zwitterblühte kommt zu Ende des Mai's; darauf folgen rosenrothe, vier- zuweilen auch fünfeckigte Beeren mit eben so viel Kapseln, welche eiförmige Saamkörner enthalten; die Beeren hangen biß spät in den Herbst, noch lang nach den abgefallenen Blättern, an den Zweigen. Die Saamen halten sich nicht.

§. 237. Man säet diesen Saamen in eine gute fruchtbare Walderde sogleich im Herbst, bei trockenem Wetter, etwa einen Zoll tief unter die Erde, im Frühjahr geht er auf. Durch

Steckreiser läßt sich der Spindelbaum nicht fortpflanzen, wohl aber durch Ableger und Wurzelsprossen. Will man den Baum verpflanzen, so kann es vom 10ten biß 12ten Jahre entweder einzeln in Löcher, oder auch in Graben zu Hecken im Frühling geschehen. Der Stock schlägt aus; daher kann dies Holz auch unter anderm Schlagholz mit abgetrieben werden.

§. 238. Der Spindelbaum erreicht gegen das 20ste biß 25ste Jahr seine Vollkommenheit, und dann benuzt man das Holz zu allerhand feiner Arbeit, besonders zu feiner Drechslerwaare, zu Labstöcken, Nadelbüchsen, Zapfen in Fässer, Spindeln u. dgl. Frucht, Blätter und Holz sind der menschlichen Natur zuwider, und ihr innerlicher Gebrauch oft gefährlich. Diese Pflanze dauert 40 biß 50 Jahre.

§. 239. Der warzige Spindelbaum, Euonymus verrucosus, Scopoli, ist ein kleinerer Strauch als der vorige. Die Zweige sind häufig mit braun-rothen erhabenen kleinen Warzen besezt; die Blätter sind kleiner mit einer lang auslaufenden Spize, hellgrün, und stehen sehr häufig am Busch; die Beeren sind auch kleiner, und haben nur ein Saamkorn. Dieser Strauch ist weniger brauchbar als der vorige.

§. 240. Der **breitblätterige Spindelbaum**, Euonymus latifolius, Scopoli, ist am Wachs dem ersten Geschlecht ziemlich gleich; die Blätter sind länglich, und breiter als bei dem ersten; die beiden Flächen, besonders die obere, sind dunkelgrün und glatt; die Früchte sind etwas gröser als die ersten, ihre Winkel spiziger, mit auswärts gehenden Flügeln. In Ansehung des Gebrauchs ist er auch dem ersten gleich.

§. 241. Dies sind unsere inländische gewöhnliche Laubholz-Bäume, mit ihren verwandten Geschlechtern und Abarten; viele unter den leztern sind auch oft Sträucher und sogar Erdholz; indessen sind doch die Hauptarten gewöhnlich Bäume. Folgende Holzpflanzen aber erwachsen seltener zu Stammholz, und sind daher am östersten:

Laubholz-Sträucher.

§. 242. Der **Kreuzdorn**, Rhamnus catharcticus L. Stechdorn, Wegdorn, Hirseborn, Hirschdorn, Kreuzholz, Kreuzbeer, Färbebeer, Hundsholz, Purgierdorn, Wiedorn, Wehdorn, Wachenbeerdorn, Wersten-

beerstrauch, Schiesbeer, Schlagbeer, Rhein=
beer, Amselbeerdorn, Dintebeer, Blasengrün—
ist gewöhnlich ein groser Strauch, seltener ein
kleiner Buschbaum. Die Wurzel ist mittel=
mäsig tiefgehend, breitet sich aber ziemlich
aus, und treibt viele Sprossen. Die Rinde
ist glatt und braun; das Holz angenehm gelb=
lich, schön, seidenhaft, hart, fest, zäh und
in der Wurzel schön maserig; die Blätter sind
oval zugespizt, hellgrün, fein gekerbt, und
untenher aderig. Die Pflanze hat an jedem
Schuß einen geradhinstehenden spizigen Dorn;
die Zweige stehen kreuzartig aus einander; die
Blühte ist zuweilen männlich und weiblich auf
verschiedenen Stämmen, zuweilen auch eine
fruchtbare Zwitterblühte, welche im Mai er=
scheint; darauf folgen die runde schwarze
Kreuzbeeren in der Gröse einer Erbse, wel=
che im September reif werden, und eine auch
wohl mehrere Saamkerne enthalten, sich aber
nicht lang aufbewahren lassen.

§. 243. Dieser Saame wird im Novem=
ber in eine gute gemischte Walderde, an schat=
tigte ganz rein gemachte Oerter, nicht sehr tief
eingesäet; im folgenden Frühling geht er auf.
Durch Ableger und Schnittlinge kann man
den Kreuzdorn auch fortpflanzen, aber nicht
durch Steckreiser. Die junge Pflanze versezt

man vom 2ten biß zum 5ten Jahr im März, auf gewöhnliche Weise. Der Stock schlägt aus; daher kann auch dieser Strauch unter dem Busch- und Schlagholz mit abgetrieben werden.

§. 244. Das Holz gelangt vom 15ten biß 20sten Jahr zu seiner Reife; alsdann dienet es zu allerhand schönen Geräthen: zum Fourniren, zu den Arbeiten der Ebenisten, zu Stockknöpfen, besonders die Maser; zu den Fingerbrettgen an Klavieren und Orgeln, zu Pfeifenköpfen u. s. w.; das Reisholz dienet recht gut zur Feuerung; die Beeren sind ein sehr gutes, und noch nicht genug versuchtes und gebrauchtes Farbmateriale; eben zu diesem Zweck kann auch die Rinde gebraucht werden. In der Medizin dient die Beere gleichfalls. Diese Holzpflanze wird 30 biß 40 Jahre alt.

§. 245. Der Faulbaum, Rhamnus frangula L. Sprärzern, Läuseholz, Sporgelbeerbaum, Pulverholz, Knitschelbeeren, schwarze Faulbeere, Bechner, Zapfenholz, Schießbeerstrauch, Schoßbeere, Stinkbaum, Sprecken, Spicker, wilde Kirsche, Spöricken, Spörzer, Beerenholz, Pinnholz, deutscher Rhabarberbaum, Grundholz, Hühnerbaum — ist ein mäsiges Strauchgewächs mit langen schmalen Zweigen, von einem unangenehmen Geruch. Die Wurzel breitet sich stark aus, und wuchert mit vielen langen schmalen Wurzellohden; die Rinde ist braun, weiß gedüpfelt, unter dem Oberhäutgen liegt eine grün-gelbe Rinde; das Holz ist in der Jugend mit einer starken Markröhre versehen, hernach weiß, zart, weich, und im Kern röthlich; die Zwitterblühte erscheint im Mai; darauf folgen kleine saftige Beeren, die im September schwarz und reif werden; die Blätter sind oval-länglich, grasgrün, ungezahnt; die Beeren enthalten zween herzförmige Saamenkerne, die sich nicht lange halten.

§. 246. Die Saamenkerne werden sogleich in guten feuchten lockern Grund, nicht zu tief, eingesäet, sie gehen im Frühjahr auf. Die Ableger und Schnittlinge kommen recht wohl fort, Steckreiser aber nicht. Die junge Stauden kann man im 4ten und 5ten Jahr im Frühling zu Hecken verpflanzen. Der Stock schlägt stark aus; daher kann der Faulbaum nüzlich im Schlagholz gegen das 15te Jahr abgetrieben werden.

§. 247. Wenn das Holz gegen das 15te biß 20ste Jahr zu seiner Reife gelangt ist, so dient es zu allerhand kleiner Schreinerarbeit,

H 4

doch nicht so gut als das vorige; sein wahrer eigentlicher Nuzen besteht darin, daß es mit zu den besten Kohlhölzern des Schießpulvers gehört; zu diesem Zweck wird es im Julius gehauen, alsbald geschält und verkohlt. Die Beeren und Rinde sind ebenfalls noch nicht genug versuchte Färbmittel, auch dienen die Blätter dazu. Die Rinde ist ein sehr bewährtes Mittel gegen die Kräze, wenn sie mit Milch abgekocht, und dann der Leib damit gerieben und gewaschen wird. Der Faulbaum dauert 30 biß 40 Jahre.

§. 248. Der Sanddorn, Hipophae rhamnoides L. Der weidenblätterige Seekreuzdorn, der Meerkreuzdorn, der Weidendorn, der schmale weidenblätterige Stechdorn, Finnische Beeren, rothe Schlehen, Dünen-Besing-Strauch, Streit-Bessen-Strauch — ist ein mäsiger Dornstrauch. Die Wurzel treibt stark um sich, und wuchert mit vielen Wurzellohben; die Rinde ist braun, mit langen und spizigen Dornen, besonders an den Zweigen, versehen; das Holz hat keinen sonderlichen Werth, ist weiß-grün, auch wohl gelblich; die Blätter sind schmal, lanzettenförmig, mit einer runden Spize, die Oberfläche ist meergrün, die untere silberfarbig; die Blühte ist männlich und weiblich auf verschiedenen Pflanzen, und kommt im April und Mai; darauf folgt eine einfache runde safrangelbe Beere, die einen einfachen Saamkern enthält, der sich aber nicht aufbewahren läßt.

§. 249. Die Fortpflanzung des Weibendorns geschieht durch den Saamen: man säet ihn alsofort an sandigte Ufer der Bäche, Flüsse und Seen; durch Sezlinge und Ableger läßt er sich auch erziehen. Will man ihn verpflanzen, so kann es nach ein paar Jahren im Frühling geschehen. Der Stock schlägt aus, und dient daher auch zu Reis- und Schlagholz.

§. 250. Nach 15 biß 20 Jahren kann man diese Pflanze abtreiben; allein sie hat keinen sonderlichen Nuzen, als allenfalls zu geringem Brandholz; besser ist die lebende Staude zu Hecken nnd Wasserwehren; im Fall der Noth können die Beeren zur Speise dienen.

§. 251. Der **Weißdorn**, Cratægus oxyacantha L. Der Meelborn, unf. lieben Frauen Birnlein, Möllerbrod, der Heckdorn, Hagedorn, Hageapfelstrauch, Hagehot, Hundsborn, Meelsäsgen, Meelsäsergenstrauch, Meelstrauch ist ein dichtes, sehr dornichtes Strauchgewächs. Die Wurzel geht tief, und breitet sich weit aus;

die Rinde ist an den Aesten weißgrau, an dem Stamm gelb-röthlich, und die Zweige stehen voll langer sehr spiziger Dornen; das Holz ist sehr hart, zäh, weißlich, mit bräunlichen Adern; die Blätter sind dreitheilig, an den Spizen stumpf gerundet sägenförmig gezahnt; die Zwitterblühte erscheint gegen das Ende des Mai's; darauf folgt eine längliche runde rothe meeligte Beere, welche im Oktober reif wird, und 1, 2, biß 3 Kerne enthält, die sich über ein Jahr aufbewahren lassen.

§. 252. Der Weißdorn läßt sich sehr gut durch den Saamen fortpflanzen, und gedeiht in jedem Boden. Wenn man ihn gleich im Herbst säet, so geht er wohl folgendes Frühjahr auf, aber nicht immer, oft liegt er Jahr und Tag im Boden, eh er hervorkeimt. Steckreiser schlagen zuweilen in feuchter schattigter Erde an. Sonst kann man diese Pflanze auch pfropfen, und durch Ableger fortpflanzen. Der Stock schlägt sehr wohl aus, und kann also Schlagholz abwerfen, ob er gleich selten so benuzt wird.

§. 253. Der Weißdorn wird entweder sogleich in Riesen gesäet und zu Hecken erzogen, oder man verpflanzt nach 5 biß 6 Jahren die jungen Pflänzgen in Graben, und versieht sie mit Verzäunungen gegen das Ab-

beisen der Thiere. Der eigentliche Nuzen
dieses Gewächses besteht in den Hecken; dazu
dient es unter allen am besten. Das Holz
giebt auch sehr gutes kleines Geräthe: die dor-
nigten geraden Zweige geben die schönsten
Dornstäbe. Aus den Beeren kann zur Noth
ein Getränk, auch Essig und Brantewein bereitet werden. Diese Holzpflanze dauert bis
50 Jahren.

§. 254. Man findet noch eine Gattung
des Weißdorns in feuchten Gegenden: dieser
ist kleiner, das Laub dunkelgrüner, die Einschnitte sind kürzer und stumpfer, die Spizen
gebogen, u. s. w. Man hält dafür, daß
diese Abart vom ordentlichen Weißdorn ab-
stamme, und blos durch das verschiedene Erdreich entstanden sei. Der Weißdorn mit ge-
füllten Blumen ist ein Gartengewächs.

§. 255. Der **Elsebeerbaum**, Cratægus torminalis L. Darmbeeren, Arlsbee-
ren, Elzbeeren, Elrizen, Atlasbeeren, Eschrösel, Arlebaum, Egele, Egelbaum, Eisch-
birle, Eichbelen, Eyerling, Arbeeren, Ad-
lersbeeren, Sersch, Sersebierstrauch, Serse-
baum, Hörnicke, Hörlickenbaum, zahmer
falscher-Vogelbeerbaum — ist ein starker,
groser baumartiger Strauch, sehr oft auch
ein starker Baum. Die Wurzel ist hart;

gros und röthlich, breitet sich stark aus, und treibt eine mäsige Pfahlwurzel; die Rinde ist an den jungen Zweigen purpurroth, an den Stämmen roth-bräunlich und weiß-fleckigt; das Holz ist ungemein fest und hart, gelblich, im Kern röthlich, auch zuweilen flammig, überhaupt vortreflich; die Blätter sind dem Ahorn ähnlich; die Zwitterblühte kommt im Mai; darauf folgen runde, grose und kleine, grüne und braun-grüne Beeren, mit weisen Punkten. Wenn sie im September reif geworden, so sind sie braun-gelb, enthalten 2 biß 3 braune Saamkerne, die sich nicht lange aufbewahren lassen.

§. 256. Man säet den Saamen alsofort bei trockenem Wetter, in trocknen guten Boden, in Riefen, einen Zoll tief unter die Erde; nach anderthalbem Jahr, oder gar nach zwei Jahren geht er erst auf. Nach dem 12ten biß 15ten Jahr verpflanzt man den jungen Stamm in grose angeschlemmte Löcher. Die Steckreiser gedeihen nicht, die Vermehrung geschieht am füglichsten durch die Saat, durch die Stamm- und Wurzellohden, denn der Stock schlägt stark aus, und giebt gutes Schlagholz.

§. 257. Das Baumholz wird nach 50 Jahren reif, und dann im Herbst gefällt; es dient zu allen Schreiner- und Drechslerarbeiten, weil es sich nicht verwirft. Die Müller und Künstler brauchen es zu allem, was schön, glatt und dauerhaft werden soll, daher es den fleißigsten Anbau verdient. Die Beeren sind auch genießbar, wie die Mispeln: man kann sie zur Mast, zum Getränke, zu Essig und Brantewein benuzen. Der Elsebeerbaum wird 300 biß 400 Jahre alt.

§. 258. Der Meelbeerbaum, Cratægus aria L. Der rothe Meelbaum, der Oxel- oder Flieberbaum, Thelsbirle, Weißlaub, Arlaßbaum, weiser Arlsbeerbaum, Meerkirschenbaum, Eslein, wilder Spier- oder Spierlingsbaum, Sperber- oder Speierlingsbaum — ist ein strauchigtes Baumgewächs. Die Wurzel breitet sich ziemlich weit aus, und treibt viele Wurzellohden; die Rinde der jungen Zweige ist braun-roth, wolligt, an dem Stamm braun-glatt; das Holz ist eben so vortreflich als das vorige, weiß, fest und zähe; die Blätter sind schön, dem Erlenlaub etwas ähnlich, ungleich gezahnt, grobaderig, zuweilen oben grün, glatt-glänzend, und unten wolligt; die Zwitterblühte erscheint zu Ende des Mai's, und darauf folgen kleine Mispeln, nicht viel gröser als die Weißdornbeeren, sie sind roth, und enthalten Saamenkerne, die den Birnkernen ähnlich sind, und sich nicht lange halten.

§. 259. Der Saame wird alsofort im Herbst in allerhand Erdarten in Riesen einen Zoll tief bei trockenem Wetter eingesäet. Dieser Strauch kommt überall, nur nicht in zu schlechtem und trockenem Boden, fort; im folgenden Jahr geht die Saat auf, zuweilen auch erst im zweiten Jahr; die jungen Pflänzgen versezt man im 3, 4, und 5ten Jahr, so, wie die Elsebeerstämme. Man kann sie durch Propfen veredeln, wenn man ein Reis davon auf einen Birnbaum propft; auch kann man Birn auf den Meelbeerbaum propfen. Die Steckreiser schlagen nicht an. Der Stock schlägt aus, und bringt Schlagholz.

§. 260. Das Holz wird um eben die Zeit reif, wie das vorige, und ist auch eben so nüzlich und brauchbar; in Italien heißt es wegen seiner Beständigkeit, *Metallo*. Die Früchte lassen sich wie die Mispeln, wenn sie teig geworden sind, geniessen; sie dienen auch recht gut zum Branteweinbrennen. Die Dauer dieses Baums ist dem Elsebeerbaum gleich.

§. 261. Der **wilde Mispelbaum**, Mespilus germanica L. Der Nespel- oder Hespelstrauch — ist ein strauchigtes Gewächs,

Die Wurzel ist stark, fest, holzig, dauerhaft und ausbreitend; die Rinde an den jungen Trieben weißlich-wollig, die Aeste sind lang und scharf-dornigt; das Holz ist hart, fest, zäh, und dem Birnbaumholz ähnlich; die Blätter sind lang, zart, lorbeer-ähnlich, oben dunkelgrün, glatt, unten wollig und heller, und selten ein wenig gezahnt; die Zwitterblühte kommt zu Ende des Mai's; darauf folgt die Mispel, welche der kleinen Holzbirn ähnlich, und anfangs hellbraun, im Oktober aber bei ihrer Reife dunkelbraun ist: inwendig enthält sie die Saamkerne, welche sich nicht lange halten lassen.

§. 262. Man säet sie in lockern guten oder schlechten, nur etwas feuchten schattigten Boden, im Herbst, in Riefen, bei trockenem Wetter, einen Zoll tief in die Erde; die Saat geht erst im zweiten Jahr auf; mit dem Verpflanzen verhält man sich wie bei den vorigen beiden Holzarten. Die Steckreiser gedeihen nicht; der Stock schlägt zu Schlagholz aus.

§. 263. Wie lang dieser Strauch wachse, biß er reifes Holz bekommt, weiß ich nicht; doch ist er langdauernd, sein Holz dient zu allerhand Geräthe und feinem Werkholz, und die Frucht ist, wie bekannt, eßbar.

§. 264. Der **Zwerg-Mispelbaum**, Mespilus cotoneaster L. Wilde Quitten, Bergquitten, Zwergnesseln, Hirschbirle, Flühbirle, Wild-Küttenbeer, Stein-Nespeln — ist ein niedriger schwacher Strauch, mit langen schwanken Ruthen. Die Wurzel geht nicht tief, aber desto weiter um sich, ist hart, fest und sehr dauerhaft; die Rinde ist glänzend schwarz-roth, das Holz fest und hart, aber sehr klein; die Blätter sind beinah rund, am Ende etwas spiz, ungezahnt, oben grün-glatt, unten wollig und aderig; die Zwitterblühte erscheint im Mai und Julius, darauf folgt eine unschmackhafte rothe Beere, welche im August reif wird, und 2, 3 biß 4 harte Kerne enthält.

§. 265. Da dieser Strauch weiter keinen Nuzen abwirft, als etwa zu Reisholz, so giebt man sich keine Mühe, ihn fortzupflanzen, besonders weil er durch eigene Besaamung und Wurzellohden genugsam von selbst wuchert, und auch die felsigten und steinigten Gegenden so wohl beholzt, als die fruchtbaren.

§. 266. Der **Quantelbeerbaum**, Mespilus Amelanchier L. Die Flühbirn, ist ein kleiner Strauch. Die Wurzeln sind wie gewöhnlich; die Rinde ist pupurfarbig-braun; die Blätter sind fast rund, fein gezahnt,

zahnt, oben grün, glatt, unten aderig, und, wenn sie jung sind, wollig; die Zwitterblühte kommt im Anfang des Mai's; darauf folgen schwarz-braune Beeren, die im August und September reif werden; diese enthalten etliche Saamkerne, vermittelst deren man diesen Strauch fortpflanzen kann.

§. 267. Auch durch Ableger läßt sich die Quantelbeer fortpflanzen: nach ein paar Jahren kann man den jungen Strauch verpflanzen, und sie auch auf Weißdorn verpfropfen. Die Früchte sind genießbar, übrigens ist mit dem Holz nichts anzufangen.

§. 268. Der **Brombeerstrauch**, Rubus fruticosus L. Der Bremenstrauch, Brommer, Krazbeerenstrauch, Rhambeere, Rabetbeere — ist ein niedriges verworrenes Strauchgewächs. Die Wurzel läuft im Boden fort, ist zäh, ästig, und wuchert mit vielen Wurzellohben; die aufschießende Ruthen sind eckigt, biegen sich nach der Erde, und tragen viele Blätter, welche aus 3 biß 7 kleinern zusammen gesezt sind, und an ihren Stielen scharf hakigte Dornen haben; die Zwitterblühte erscheint im Mai, und dauert lange fort; darauf folgt die bekannte Brombeere, welche im August und September reif wird, und die Saamkerne in sich enthält.

Forstwirthschaft I Th.   J

§. 269. Die Brombeerſtaude iſt kein Gewächs, das man in den Forſten fortpflanzt, im Gegentheil wuchert es auf feuchtem fruchtbarem Boden allzuſehr, und wird oft dem andern Gehölze ſchädlich. Die Beeren ſind indeſſen, wie bekannt, genießbar, und ehe ſie reif ſind, dienen ſie zu einem guten Eſſigferment, die reifen aber werden auch zum Färben der Weine gebraucht; das Holz ordentlich verkohlt, giebt das allerbeſte raſcheſte Schießpulver, ſo, daß es viele als ein Kunſtſtück geheim halten.

§. 270. **Der Ackerbeerenſtrauch,** Rubus cæsius L. Die kriechende blaue Brombeere, der blaue Krazelbeerſtrauch, die Bockbeere, die Fuchsbeere, die Taubenbeere, Ackerbrommer — iſt eine Art des vorigen, und ein noch niedrigerer kleinerer kriechender Strauch, ebenfalls bornigt. Die Blätter ſind breittheilig, tief gezahnt, unten etwas haarig; die Beeren ſind ſchwarz-blau.

§. 271. **Der Himbeerſtrauch,** Rubus Idæus L. Der Himbeckbeeren- Haubeeren- Hindbeeren- Himpelbeeren- Himmelbremen- Himbremen- Hohlbeeren- Haarbeerenſtrauch-- iſt ebenfalls ein bornigtes Gewächs, wie das vorige, nur daß es mehr in die Höhe ſteigt. Die Wurzel iſt ſtark fortwuchernd, und treibt viele

Wurzellohden; die Rinde ist an den jungen Zweigen grün, an den alten braun-roth, mit vielen Stacheln versehen; die Blätter bestehen bald aus 3, bald aus 5 gefiederten Blättern, welche lanzettenförmig, tief gezahnt, und oft eingeschnitten sind; die Oberfläche ist hellgrün, die untere weiß und aderig; die Zwitterblühte erscheint im Frühjahr; darauf folgt die bekannte wohlschmäckende Himbeere, welche ebenfalls ihren Saamen in sich schließt.

§. 272. Der Himbeerstrauch wuchert allzusehr in den Forsten, und verdient nicht, daß man ihn erziehe. Die Frucht ist angenehm zu essen, giebt einen geistigen guten Wein, und eben so einen angenehmen guten Brantewein, auch in den Apothecken wird sie auf allerhand Weise benuzt. Dem allem ungeachtet verdient sie keinen Anbau in den Waldungen, denn sie wächst von selbst in hinlänglicher Menge.

§. 273. Der Hartriegel, Cornus sanguinea L. Der Härtern, Hartreber, Hundsbeeren, Teufelsmettern, wilde Dürlizen, Hartwiede, Hartstrauch, Hartbaum, Röthern, Hartröthern, Rothgerten, Rothbeinholz, Heckenbaum, Teufelsbeere — ist ein baumartiger Strauch. Die Wurzel geht weit um sich, und wuchert sehr stark mit Wurzellohden; die Rinde ist an den jungen Zweigen grün und

weißgrau, am Stamm braun, im Alter be*
kommt der Strauch, besonders im Herbst, mit
Frucht und Blättern ein blutrothes Ansehen;
das Holz ist weiß und zäh; die Blätter sind
länglich, eirund, ungezahnt, die Oberfläche
ist hellgrün, die untere aber blasser und fein*
haarig, mit erhabenen Adern; die Zwitter*
blühte erscheint zu Ende des Mai's; darauf
folgt eine schwarze oder rothe runde Beere,
mit einem harten weisen gestreiften Kern, der
sich nicht lang hält.

§. 274. Der Saamen wird in jedes Erd*
reich, das nur nicht zu naß ist, sogleich im
Herbst eingesäet, im folgenden Frühjahr geht
er auf; der junge Stamm kann schon im 2ten
Jahr verpflanzt werden. Ableger und bewur*
zelte Schößlinge dienen auch zur Fortpflan*
zung, Steckreiser aber nicht. Der Stock schlägt
zum Abtreiben des Schlagholzes biß ins Al*
ter aus.

§. 275. Der Hartriegel ist gegen das 15te
biß ins 20ste Jahr schon reif, alsdann wird
er im Frühjahr gefällt; das Holz ist zu aller*
hand kleinem Geräthe, wozu festes und dauer*
haftes Holz erfordert wird, brauchbar: die
schwanke Ruthen geben gute Ladstöcke, und
wenn ihr Mark mit einem glüenden eisernen
Draht ausgebrannt wird, artige Pfeifenröh*

ren. Dieser Strauch dauert 40 biß 50 Jahre.

§. 276. Der **Cornelbaum**, Cornus mascula L. Der Carlskirschenbaum, der Hornkirschenbaum, Harlsken, Hernsken, Dierleinbaum, Derlenbaum, Dierlizenbaum, welsche Kirschen, Kurbeeren, Corneliuskirschen, Caneelbeerstrauch, Corle, Körnerbaum, Dientel, Zieserleinstrauch, Fürwizel — ist ein starker baumartiger Strauch. Die Wurzel ist faserig, stark, ziemlich ausbreitend, und hat zuweilen harte schwarze Knoten, in der Gröse einer Haselnuß; die Rinde ist schwarzgrau, auch wohl röthlich; das Holz ist hornfest, zäh, weiß, oder weiß-gelb; die Blätter sind eirund zugespizt, die Oberfläche hellgrün, die untere weißlich, mit erhabenen Adern; die Zwitterblühte kommt schon zwischen März und April hervor; darauf folgt eine fleischigte rothe Frucht, inwendig mit einer Nuß, welche zween Kerne enthält, und im Herbst reif wird. Die Kerne halten sich ein paar Jahre.

§. 277. Der Saamenkern wird sogleich in jede Erde, die nur locker und nicht allzumager ist, einen Zoll tief eingesteckt; oft liegt er zwei Jahre, ehe er aufgeht. Den jungen Stamm kann man zu Hecken, Piramiden, u. s. w. im Frühjahr in Graben oder Löcher verpflanzen, durch Steckreisser aber nicht. Der Stock schlägt zu Schlagholz aus.

§. 278. Der Cornelbaum ist ziemlich dauerhaft: sein Holz wird erst gegen das 50ste Jahr reif, alsdann kann man ihn im Frühjahr oder Herbst fällen; er dient zu allen kleinen Geräthen, die eine ausserordentliche Festigkeit haben müssen. Die Früchte werden theils in der Apothecke, theils auch in der Küche gebraucht. Der Cornelbaum dauert 100 biß 150 Jahre, und ist zu Hecken und Piramiden in den Gärten recht dienlich.

§. 2 9. Die Rheinweide, Ligustrum vulgare L. Die Spanische Weide, Mundholz, Griesholz, Heckholz, Beinholz, Weißbeinholz, Beinhülsen, Geißhülsen, Grünfaulbaum, Eisenbeerbaum, Dintenbeerstaude, Zaunriegel, Kingerten, Rhein-Besingbeerstrauch, Reinwunder, Röhrenweide, Schulweide, Kehlholz, deutsches Braunheil, Haushülse, unächter Hartriegel, weiser Hartriegel, Kerngerten, Grünselbaum — ist ein ordentliches Busch- und Strauchgewächs. Die Wurzel läuft schräg und flach in der Erde fort, schlägt viele Fasern und Wurzelsprossen aus; die Rinde ist glatt und aschgrau; die Zweige sind sehr zäh und biegsam; das Stammholz ist sehr hart; die Blätter sind dunkelgrün, lang, schmal, und an beiden Enden spizig, dabei glatt, steif, glänzend, ungezahnt; die Blühte ist eine Zwitterblume, welche gegen das Ende des Junius erscheint; darauf folgen kleine schwarze Beeren, wie Heidel= oder Wacholderbeeren, die öfters den ganzen Winter durch an den Sträuchern hangen bleiben; sie werden anfangs Oktobers reif, und enthalten 4 Saamenkerne, die sich aber nicht wohl aufbewahren lassen.

§. 280. Diesen Saamen säet man sofort bei trockenem Wetter in einen schattigten lokkern, mäsig=feuchten Boden; die junge Pflanzen kann man nach zwei Jahren im Frühjahr versezen. Durch Ableger und Wurzellohden geht die Fortpflanzung ebenfalls von statten. Der Stock schlägt zu Schlagholz häufig aus.

§. 281. Nach 16 biß 20 Jahren kann man das Holz der Rheinweide benuzen: die zähen Zweige dienen den Korbmachern, und zu gutem Reisholz; das Stammholz hat einigen Gebrauch zu kleinem Werkholz, doch ist es wegen seiner Ungeschmeidigkeit nicht wohl zu bearbeiten, besonders weil man bessere Hölzer hat; die Beeren aber dienen zu Farben, und geben Hofnung zu glücklichen Versuchen in der Färberei.

§. 282. Der Berberisstrauch, Berberis vulgaris L. Verbers- oder Verbisbeeren, Saurach, Sauerdorn, Essigdorn, Weinnägelein, Weinschierling, Weinschädling, Berbertzen, Erbselbeeren, Erbsichdorn, Versichdorn, Salsendorn, Weinäugleinstrauch, Weinlägelein, Weinzäpfel, Mütscherling, Rhebarberbeere, Reißbeere, Payselbeere, Reiselbeere, Paffelbeere, Veiselbeere, Prummelbeere — ist ein dauerhaftes, bornigtes Strauch- und Heckengewächs. Die Wurzel ist ästig, groß, aber schwach und weit ausbreitend; die Rinde ist glatt, dick, aschgrau, und unter dem Oberhäutgen grün; das Holz ist gelblich, die Markröhre weiß, und mit einem gelben Rand umgeben; die Blätter sind eirund zugestumpft, fein gezahnt, mit feinen Stacheln, oben glatt-grün, unten weißlich, mit feinen erhabenen Adern; die Zwitterblühte erscheint im Mai und Junius; darauf folgt eine schöne rothe länglichte Beere, mit zwei länglichten Saamkörnern, sie wird im September und Oktober reif, der Saamen läßt sich nicht wohl aufbewahren.

§. 285. Diesen Saamen säet man im Herbst, bei gutem Wetter, in jeden Boden, doch kommt er am besten in einem schwarzen fruchtbaren Grund fort; im Frühjahr geht die Saat auf, und nach ein paar Jahren verpflanzt man die jungen Sträucher zu Hecken, oder auch einzeln. Dieß geschieht am füglichsten zu Ausgang des Winters. Die Ableger und Wurzelsproſſen gedeihen auch, aber die Steckreiſer nicht. Der Stock ſchlägt häufig aus, und der Strauch verträgt das Beſchneiden.

§. 284. In Ansehung des Holzes hat dieſe Pflanze wenig Nuzen, doch kann man das reife Holz zum Fourniren gebrauchen; die übrigen Theile aber dienen zu vielfältigem Gebrauch: der ganze Strauch giebt gute Hecken, die Blätter dienen zur Speise, vorzüglich aber die Beeren in der Küche und in der Apothecke; die Wurzel, die Rinde und die Beeren ſind recht gute Farbmaterialien, auch ſoll man aus den Beeren einen guten Brantewein ziehen können.

§. 285. Der Schwalkenbeerſtrauch, Viburnum opulus L. Der Waſſerholder, der Bachholder, der Aſſholder, der Hirschholder, der Schwelgen- oder Schwalkenbaum, der Schweisbeerbaum, der Kalkbeerenbaum, Callimi.hen, Kalinken, Halinken, Droſſelbeeren, Fackelbeeren, Markholz, Schwallbeere, Malinen, Talinkenbeerſtrauch, Heller, Schießbeerbaum, Schweisbeere, Spoſeflieber, Gänseflieber, Wafferflieber, wilder Rosenholder, wilder Schneeballenstrauch, wilde Gelder-Rose — ist ein hoher und weit ausgebreiteter Strauch, der zuweilen baumartig wird. Die Wurzel wuchert weit um sich her, und treibt auch Sprossen; die Rinde ist aschgrau und zähe; das Holz weiß, zäh und hart, aber leichtrissig; die Blätter sind dem jungen Ahornlaub etwas ähnlich, breitheilig, die Theile wiederum eingeschnitten, die Farbe ist hellgrün, unten etwas matter; die Zwitterblühte erscheint im Mai und Junius wie Sonnenschirme, die Blumen am Rand sind unfruchtbar; darauf folgen hellrothe Beeren in Dolden, die im Oktober reif werden, und den Winter über hangen bleiben; jede Beere hat einen einzelnen Saamkern, der sich etwa ein Jahr hält.

§. 286. Diesen Saamen säet man im Herbst in einen feuchten schattigten Grund, bei gelindem Wetter, er geht folgendes Frühjahr auf; man kann auch die Fortpflanzung durch Ableger und Wurzelsprossen bewerkstelligen. Den jungen Strauch verpflanzt man im 8ten und 9ten Jahr im Herbst und im Frühjahr in Graben zu Hecken. Der Stock schlägt zu Schlagholz aus.

§. 287. Das Holz des Schwalkenbeer-

Die Forſtbotanik. 139

ſtrauchs erfordert 15 biß 18 Jahre zu ſeiner
Reife, alsdann fällt man es im Herbſt oder
im Frühjahr; man kann es zu verſchiedenem
Werkholz gebrauchen, und iſt dem Birnbaum
ähnlich. Sonſt giebt es gutes Reis- und Brennholz, und die Beeren ſollen zu Verfertigung
eines Eſſigs dienen. Dieſe Holzpflanze wird
an die 40 biß 50 Jahre alt.

§. 288. Der Schlingenbaum, Viburnum Lantana. Die Rothſchlinge, Weg-
ſchlinge, Schlungbeer, Bügelholz, der Schwin-
belbeerbaum, Holderhetteln, Weißſchlingen-
baum, Rothſchlinge, Wiedern, Pabſtwiede
oder Baum, Schergenpabſt, Schericken,
Scherben, Bandſtrauch, Kanlbeere, Kandel-
beere, Haubeeren, Schießbeere, Schwindel-
beerbaum, kleiner Meelbaum, Meelſtrauch —
iſt ein mittelmäſig ſtarker, weit ausgebreiteter und dickbelaubter Strauch. Die Wurzel
iſt holzig, zähe, viel-äſtig, und treibt weit
um ſich her viele ſchlanke Wurzellohden; die
Rinde iſt roth, mit einem aſchgrauen meelig-
ten Schimmel überzogen; das Holz iſt weiß-
grünlich, weich, feſt, zäh, biegſam, und mit
einer weiten Markröhre verſehen; die Blätter ſind herzförmig, ſägförmig gezahnt, lederartig, ſteif und dick, die Oberfläche glatt,
hellgrün, die untere gelblich-wolligt; die

Zwitterblühte erscheint im Mai; darauf folgen runde Beeren, die im September reif und schwarz werden, und einen einzigen Saamenkern enthalten.

§. 289. Diesen Saamen säet man im Herbst, bei gutem Wetter, in einen etwas feuchten guten Waldboden, er geht etwas spät aber häufig auf; Ableger und Wurzelsprossen dienen auch zur Fortpflanzung, und zuweilen gedeihen auch die Steckreiser. Das Verpflanzen geschieht wie bei dem vorigen. Der Stock schlägt häufig aus, daher dient dieser Strauch zu Schlagholz.

§. 290. Der Schlingenbaum wird, wie andere Sträucher, gewöhnlich im Frühjahr abgetrieben: die schwanke Ruthen dienen zu Bandwieden, auch wegen ihres geraden Wuchses und weiten Markröhre zu Pfeifenröhren, desgleichen zu Reifen für kleine Böttgerarbeit, übrigens dient er noch zu gutem Reissholz, und die Beeren zur Vogelmast.

§. 291. Der Hollunder, Sambucus nigra L. Der Holder, Holler, Baumholder, Flieder, Schibgen, Resgen, der Alhornbaum — ist ein starker ansehnlicher baumartiger Strauch. Die Wurzel ist stark, breitet sich weit aus, und wuchert ausserordentlich mit vielen Wurzellohden; die Rinde ist an den jungen Sommerlatten grün, an den ältern Zweigen ist das Oberhäutgen aschgrau, die Rinde drunter aber grün, am Stamm wird sie borstig; das Holz hat an den Zweigen eine sehr weite Markröhre, die aber im Stamm vergeht, und da ist es hart, fest, zäh, schön gelb und brauchbar; das Laub ist dunkelgrün, widrig-riechend, gefiedert, so, daß die eirunden lanzettenförmige gezahnte Blätter paarweis an einem Stiel stehen, an welchem vorn noch ein ungerades allein ist; die Zwitterblühte erscheint sonnenschirmförmig im Mai und Junius; darauf folgen die Beeren in eben solchen Trauben beisammen, sie sind klein, werden im Oktober reif, sind alsdann schwarz, und enthalten kleine Saamkörner in sich, die sich aber nicht aufbehalten lassen.

§. 292. Der Hollunder vermehrt sich von selbst häufig aus dem Saamen und den Wurzellohden; will man ihn aber säen, so muß es gleich nach der Reife der Beeren, bei trockenem Wetter, in einen guten etwas feuchten und schattigten Boden geschehen. Durch Versezung der Wurzellohden, aber nicht durch Steckreiser, läßt er sich auch fortpflanzen. Das Versezen der jungen Stämme geschieht im März, im 6ten biß 7ten Jahr. Der Stock schlägt aus, obgleich der Hollunder als Schlag- und Reisholz keinen sonderlichen Nuzen hat.

§. 293. Nach 20 Jahren wird das Hollunderholz reif, und dann dient es zu allerhand feinem Nuzholz, zum Fourniren, zu Schreiner- und Drechslerarbeit, Spillen, hölzernen Löffeln, u. dgl. Die Rinde, Blumen und Beeren haben in der Arznei und in der Haushaltung einen manchfaltigen Nuzen. Der Hollunder wird an die 50 Jahre alt.

§. 294. Der **petersilienblätterige Hollunder**, Sambucus laciniata, unterscheidet sich in etwas durch seine Blätter, Zweige und kürzere Blumenstiele von dem vorigen, im übrigen aber ist er ihm durchgehends gleich. Der **Zwerghollunder**, Sambucus Ebulus L. ist ein kleiner Strauch, dessen Wurzel fortdauert, die Lohden aber jeden Winter absterben; die Blätter sind so wie am gemeinen Hollunder, nur etwas länger und hellgrün. Die Wurzel und die Beeren haben einen starken Gebrauch in der Medizin; überdem verdienen die Beeren noch nähere Versuche in der Färberei.

§. 295. Der **Berghollunder**, Sambucus racemosa L. Der Traubenhollunder, der Hirschhollunder, der Waldhollunder, der **Steinhollunder, Schiebgen,** die **Zwitschen-**

ſtaude, rother Holderſtrauch, Reſgen, Kel-
ken, Keſtgen, Schalaſter — hält ſich als
ein kleiner, doch zuweilen auch baumartiger
Strauch in den feuchten ſchattigten und moo-
ſigten Orten der Forſten auf. Seine Blätter
ſind kleiner als bei dem gemeinen Hollunder,
die Beeren roth und nicht brauchbar, als nur
zur Aezung der Vögel. Dieſe Pflanze dient
nur zu ſchlechtem Reisholz, und dauert höch-
ſtens 10 Jahre.

§. 296. Die Stechpalme, Ilex aqui-
folium L. Die Hülſe, Hülſtſtrauch, Hül-
ſcheholz, Hülzeholz, Hülſebuſch, Stechbaum,
Stechlaub, Walddiſtel, Zwieſelborn, Klee-
ſebuſch, Hulſt, Holſt, Stechapfel — iſt ein
baumartiger, ſtarkbelaubter, daher düſterer
Strauch. Die Wurzel iſt faſerig, ſtark, rauh,
knotig, und ſtreicht flach in der Dammerde
weit um ſich her, im Alter geht ſie auch etwas tief; die Rinde iſt dunkelgrün, unangenehm von Geruch; das Holz iſt weiß, ſehr
feſt, zäh, hart und ſchwer, im Alter braun-
aderig; die Blätter ſind immer grünend, ſehr
dick, ſteif, glänzend, dunkelgrün, am Rand
wellenförmig hin und her gebogen, und mit
ſehr ſcharfen Stacheln verſehen; die Zwitterblühte erſcheint zu Ende des Mai's; darauf
folgen rothe fleiſchigte Beeren, welche erſt im

Herbst des folgenden Jahrs reif werden, und 4 harte Saamkerne in sich enthalten, die sich ein Jahr aufbewahren lassen.

§. 297. Durch diesen Saamen wird die Hülse fortgepflanzt: man säet ihn gleich nach der Reife in einen schattigten schwarzen, etwas sandigten Boden, die Saat geht erst nach zwei Jahren auf; die Ableger gedeihen nicht recht, vielweniger Steckreiser. Das Verpflanzen hält auch schwer, doch kann es im 8ten biß 10ten Jahr geschehen, wenn man die Wurzel bei dem Ausheben wohl schont. Der Stock schlägt aus.

§. 298. Das Holz wird gegen das 20ste Jahr reif, und alsdann im Herbst oder im Frühjahr gehauen: es ist zu kleinem Nuz- und Werkholz eins der nüzlichsten, für Schreiner, Drechsler und Maschinenmacher; die Rinde dient zu Vogelleim, die ganze Pflanze zu Hecken und in Pflanzungen, und wird bei 40 Jahren alt.

§. 299. Der Rosenstrauch, Rosa, wird zahm in Gärten, und wild in Hecken und Forsten angetroffen. Alle Rosenarten sind dornichte Sträucher. Die Wurzel ist ausbreitend, und treibt viele Wurzelsprossen; die Rinde der jungen Zweige ist grün, oder röthlich,

lich, und dornig, am Stamm aber ist sie aschgrau; das Holz ist hart, zäh, etwas gelblich;
die Blätter sind gefiedert, und bestehen aus
etlichen Paaren ovalen fein gezahnten kleinen
Blättern, und gemeiniglich ist die Hauptrip-
pe dornigt; die Zwitterblühte ist entweder ge-
füllt oder einfach, entweder auf mannigfaltige
Art roth, oder weiß, und erscheint im Frühjahr; darauf folgt eine Frucht, welche viele
harte Saamkörner enthält, und im Herbst
reif wird.

§. 300. Man kann zwar die Rosen aus
dem Saamen erziehen, wenn man ihn im
Herbst in eine gute schwarze lockere Erde säet,
doch kommt der Rosenstrauch fast in allem
Boden fort. Die beste Art seiner Fortpflanzung geschieht aber durch Wurzelsprossen und
Ableger im Herbst: man verpflanzt die jungen Sträucher den Winter über biß in den
März.

§. 301. Wenn der Rosenstrauch biß ans
15te Jahr seines Alters gelangt ist, so wird
sein Holz reif: es ist schön, und läßt sich im
Kleinen wohl bearbeiten, wo es dann zu feinen niedlichen Sachen und zum Fourniren
dienen kann. Man muß aber das Rhodiser-
holz (Lignum Rhodium), welches auch
Rosenholz genennt und zu feinen Arbeiten ge-

braucht wird, mit unserm Rosenholz nicht verwechseln. Die Rosen oder Blumen selber haben vielfältigen Nuzen in der Apothecke und zum Vergnügen; auch die Früchte einiger Arten sind genießbar. Der Rosenstrauch dauert 20 biß 30 Jahre.

§. 302. Die verschiedene Arten der wilden Rosen sind folgende: 1) die **Weinrose**, Rosa Eglanteria L. Die Blume ist klein, weiß, oder fleischfarbig, und sehr wohlriechend; 2) die **Erdrose**, Rosa spinosissima L. ist ein niedriges Sträuchgen: die Blumen sind weißgelblich, zuweilen roth; die Früchte dieser beiden Arten sind schwarz, wenn sie reif sind; 3) die wilde **Hagenbuttenrose**. Rosa villosa L. mit grosen rothen Blumen: die Hagenbutten sind wegen ihres Gebrauchs in der Küche bekannt; 4) die gemeine **wilde Rose**, Rosa canina L. hat kleine blaßrothe wohlriechende Blumen und hellrothe Früchte; 5) die wilde **weise Rose**, Rosa alba L. ist bekannt. Man lese darüber die Pflanzenkenner nach.

§. 303. Der **Epheu**, Hedera Helix L. Eppich, Wald-Eppich, Mauerpfau, Baumwinde, Ittenblätter, Wintergrün, Mauerwurz, Forbeerkraut, Jloof, Jlob, Jlaub, Klimmob — ist ein starkes hochstei-

genbes Rankengewächs. Die Wurzel breitet
sich aus, und wuchert mit vielen Lohden oder
Ranken; die Rinde ist rauh, borstig und
aschfarbig; das Holz ist faserig, weich, weißlich, oft grau-maserig, und übrigens sehr
schwammig; die Blätter sind gewöhnlich eckig,
herzförmig, auch wohl eirund, sehr zäh, lederartig, dunkelgrün, glänzend, aderig, immer grünend; die Zwitterblühte erscheint im
September und Oktober; darauf folgt eine
runde einfache Beere, die im Frühling reif
wird, und fünf Saamkörner enthält.

§. 304. Der Epheu ist mehr ein schädli-
ches als nüzliches Gewächs, und wird daher
selten angebaut; sollte das aber in gewissen
Fällen nöthig seyn, so säet man die Kerne in
Moos, feuchte Wald- und Holzerde, im
Frühling, wo sie dann im andern Jahr hervorkeimen; oder, man nimmt die Wurzelranken, und verpflanzt sie wohin man will.

§. 305. Das Epheuholz hat keinen sonderlichen Nuzen: es ist so schwammig, daß
man Wein dadurch filtriren kann; zu dem
Ende pflegt man wohl Becher daraus zu dre-
hen. Die Blätter dienen, die Fontanellen damit im Fließen zu halten, auch zur Arznei
für die Schaafe; die Beeren braucht man zum
Vogelfang. In warmen Ländern schwizt das

K 2

148 Die Forstbotanik.

Gummi Hederæ aus dem Epheu. Diese Pflanze wird sehr alt.

§. 306. Die **Waldrebe**, Clematitis vitalba L. Lienen, Rehbinden, steigende oder blasenziehende Waldrebe, Holz-Waldrebe, Bettlerskraut, Gänsemord, Hexenstrang, Hurenstrang, Hagseiler, Teufelszwirn — ist ein Rankengewächs. Die Wurzel geht im feuchten Boden tief, sonst schlinget sie sich zwischen die Steine und in die Felsenrizen, und treibt häufige Wurzelranken; die Rinde ist an den schlanken Zweigen braun oder röthlich, an dem Stock aber rauh, borstig und schwammig; das Holz ist zäh, hart und fest, der Splint gelb, der Kern dunkel oder rothbraun gestreift; die Blätter sind dunkelgrün, aberig, beinah herzförmig, und fallen spät ab; die Zwitterblühte erscheint im Junius und Julius, und ist wohlriechend; darauf folgt ein nackter geflügelter Saamen.

§. 307. Der Nuzen dieses Gewächses ist ebenfalls nicht groß, es besaamet sich selbst, der Saamen liegt aber biß ins zweite Jahr, eh er aufgeht, besonders pflanzt es sich aber durch seine häufige Wurzelranken stark fort, welche man allenfalls abschleissen und versezen kann, wenn man die Waldrebe etwa aus besondern Absichten anbauen wollte.

Die Forstbotanik.

§. 308. Die Waldrebe ist ein dauerhaftes Gewächs, und kann zu Bedeckung unangenehmer Aussichten gebraucht werden. Die schlanke Ruthen dienen zu Bindwieden, zu Reifen an kleine niedliche Böttgerarbeit, wie auch zu kleinen schönen Körbgen. Die ganze Pflanze hat einen äzenden brennenden Saft, daher kommt es, daß die Rinde und zerriebene Blätter Blasen ziehen.

§. 309. Der Wolpermay, Lonicera Xylosteum L. Die Heckenkirsche, Strüzern, Teufelskirschen, Teufelsmarternholz, Waldrinde, Tobacksrohrgenholz, Seelenholz, Zweckholz, Fospiepen, Fiedelrumpgen, Zäunling, Walpurgisstrauch, Zaunkirsche, Purgierkirsche, rothe Vogelkirsche, Flühkirsche, Ahlkirsche, Hundskirsche, Beinholz, Sölenholz, Sellenholz, Brechweide, falsche Schießbeere, Hundsbaum, Läusebaum — ist ein Strauchgewächs, mit geraden aufrecht wachsenden langen Lohden. Die Wurzel ist holzig, hart, lebhaft und dauerhaft; die Rinde der alten Stämme ist aschgrau; das Holz zäh, weiß und sehr hart; die Blätter sind eirund, mit einer feinen Spize, hellgrün, wollig, und stehen paarweis gegen einander über; die Zwitterblühte erscheint im Mai; darauf folgen kleine rothe Beeren, die im Julius und August reif werben, und etliche Saamkerne enthalten; sie stehen paarweis auf einem Stiel. Der Saamen hält sich nicht.

§. 310. Man säet diesen Saamen sogleich im Herbst, in einem schattigten kühlen feuchten und guten Grund, folgendes Frühjahr geht er auf; im 8 biß 10ten Jahr versezt man die jungen Pflanzen in Löcher oder Graben zu Hecken: dieß geschieht am besten im März und April. Die Ableger und Wurzelsprossen dienen auch zur Fortpflanzung, Steckreiser aber nicht. Die Wurzel schlägt zu Schlagholz aus.

§. 311. Gegen das 15te Jahr wird dieser Strauch vollkommen: er dient zu Reis- und Brandholz, zu langen Tabacksröhren, Stäben, Schuhzwecken und dergleichen kleinen Geräthen; die Beeren dienen zur Vogelmast. Der Wolpermay wird gegen 30 Jahre alt.

§. 312. Das **Geißblatt**, Lonicera periclymenum L. Specklilie, Zaungilge, Waldwinde, Feldungerjelieber, Lilienfrucht — ist ein bekanntes Rankengewächs, welches häufig in den Hecken gefunden wird, und an seinen sternförmigen aus Röhren zusammengesezten wohlriechenden Blumen kenntbar ist. Die Wurzel ist zäh, holzig, faserig, und läuft schräg, flach und sehr weit um sich; die Rinde ist braun; die Blätter sind eirund, ungezahnt, glatt, weich, dunkelgrün, und stehen paarweiß gegen einander über; die Zwitterblühten erscheinen im Julius; darauf folgt ein dicht zusammen gesezter fester Knopf von Beeren, deren jede 2 harte Saamkerne enthält, und im September reif wird.

§ 313. Das Geißblatt hat in den Forsten keinen sonderlichen Nuzen, und wird also nicht angesäet; will man es aber seiner Schönheit und seines Wohlgeruchs wegen in den Gärten ziehen, so darf man es nur ausgraben und versezen, oder Ableger davon machen.

§. 314. Der Alpranken, Solanum dulcamara, Hinschkraut, Alfranken, Bittersüß, steigender Nachtschatten, wild Jelängerjelieber, Mäuseholz, wilde Stickwurz — ist ein hochsteigendes holzigtes Rankengewächs. Die Wurzel ist faserigt, und die Ranken selbst, wo sie nur auf den feuchten Boden zu liegen kommen, da wurzeln sie an, sie gehen sogar ins Wasser hinein und wurzeln sich im Grund fest; die Rinde ist anfänglich grün, hernach aschgrau, und endlich schwarzgrau; das Holz hat eine starke Markröhre; die Blätter sind grün, zugespizt, herzförmig, oberwärts werden sie nach und nach breitheilig; die Blumen kommen im Julius und dauern biß zum September fort; darauf folgen eirunde rothe widrige Beeren, welche viele Saamkörner enthalten und gegen Ende des Septembers reif werden.

§. 315. Die Fortpflanzung der Dulkamara geschieht durch den Saamen, durch Ableger und Steckreiser auf einen nassen Boden gar leicht; ihr Nuzen ist in den Forsten nicht beträchtlich, aber zu Wasserwehren vielleicht sehr nüzlich; übrigens dient auch dieß Gewächs in der Medizin auf verschiedene Weise.

§. 316. Der Genster, Spartium scoparium L. Pfriemkraut, Rehheide, Hasenheide, Hasengeil, Bramgienst, Gelster, Witschen, Grinitsch, Grintsche, Kühschoten, wildes Holz, Frauenschüchel, Schachkraut, Stechpfriemen, Pfingstpfriemen, Heidepfriemen, Kunschooten, Brombromen, Gast, Gäst, Gester, Grünspan, Grünling — ist ein bekannter Strauch, mit vielen dünnen, grünen, eckigten, gerad aufgeschossenen Lohden. Die Wurzel ist zäh, fest, faserig und ausbreitend; die Rinde an den Zweigen grün, an dem Stock aschgrau; das Holz am Stock ist schön gelblich, zäh und sehr hart; die Blätter sind lanzettenförmig sehr klein, und stehen häufig unmittelbar an den Ruthen paarweiß, und mehr fach von unten biß oben hinaus; die Schmetterlingsblume erscheint im Mai und Junius; darauf folgen grüne Hülsen, welche im Herbst schwarz werden, aufspringen, und die glänzende harte braune Saamkörner häufig fallen lassen. Dieser Saamen hält sich ziemlich lange.

§. 317. Der Genster ist in den Forsten mehr schädlich als nüzlich: seine Fortpflanzung geschieht häufig genug durch den Saamen und durch die Wurzellohden, wo er aber ist, da kann er auch benuzt werden: er dient im Fall der Noth zu Reisholz, seine Asche ist wegen ihres vielen Salzes sehr gut; die junge weiche Sprossen können zu Streu unter das Vieh gebraucht werden; die Saamen dienen unter dem Kaffe geröstet zu einem guten Getränk; die Blume giebt Anlaß zu Farbeversuchen; in Ermangelung der Birken kann man Besem aus dem Genster machen; der Bast der Zweige giebt grobes Garn; das Stockholz dient zu seinen Drechslerarbeiten vortreflich, denn es ist hornfest; im Nothfall kann man auch mit dem Ginster Gebäude decken, u. s. w. Er dauert 8 biß 10 Jahr, alsdann stirbt er ab.

§. 318. Die Heide, Erica vulgaris L. ist ein kleines holzigtes Forstunkraut. Seine

Wurzeln sind weit auslaufend, zäh, braunroth, und in der Dammerde fortkriechend; die Rinde ist bräunlich, die vielen zarten Aestgen sind mit kleinen lanzettenförmigen Blättgen häufig besezt, und immerfort grünend; die Blühte kommt im Herbst; darauf folgt der feine und zahlreiche Saamen.

§. 319. Man hat noch eine Gattung Heide, welche die braunrothe Besemheide, Erica tetralix L. genennt wird: sie ist zarter als die vorige, und zeigt etwas Unterschied in der Blühte. Sonst ist die Heide bekannt genug: sie pflanzt sich häufig fort, wo sie einmal überhand nimmt, und entzieht dem Gehölze Saft und Nahrung, daher sie für den Forstwirth mehr ein Gegenstand der Ausrottung als der Fortpflanzung ist.

§. 320. Demnach muß die Heide, wo sie einmal ist, wo sie zum Anpflanzen des Gehölzes ausgerottet wird, oder wo die Forsten so groß sind, daß ohnehin Holz genug da ist, ordentlich wirthschaftlich benuzt werden: man hackt sie mit scharfen Hacken wie Rasenschollen ab, und streut sie mit Nuzen dem Vieh unter; im Nothfall kann sie auch statt des Reisholzes dienen; die Asche ist ebenfalls gut; auch giebt die Heide für die Schaafe eine ziemliche Weide, den Bienen dient sie zur Zeit der

Blühte zum Honigsammeln, und man kann kleine Besemgen und Spinnhütten für die Seidenwürmer daraus machen, u. s. w.

§. 321. Der **Heidelbeerstrauch**, Vaccinium Myrtillus. Die Waldbeere ist ein niedriges krautartiges Gesträuch: die Wurzel ist kriechend, holzig, dünn, zäh, feinfaserig, und läuft oben in der Dammerde fort, wo sie häufige Wurzelsprossen treibt; die Rinde ist grün, die Stengel etwas holzig und dünne; die Blätter sind grün, klein und eirund; die Zwitterblühte kommt im Mai; darauf folgen die bekannte angenehm schmäckende Heidelbeeren, die im Julius und August reif werden, und viele kleine Saamen in sich enthalten.

§. 322. Der Heidelbeerstrauch ist ebenfalls kein Gegenstand der Fortpflanzung in den Forsten, im Gegentheil, wo er überhand nimmt, da hindert er den Aufschlag und Anflug des jungen Holzes gar sehr; will man ihn aber dennoch erziehen, so kann es durch den Saamen und das Verpflanzen geschehen, wenn man den Strauch mit seiner Erde aushebt, und ihn in einen ähnlichen Boden versezt.

§. 323. Die Heidelbeere hat dennoch einen manchfaltigen Nuzen: der Strauch giebt eine gute Asche, die Beeren dienen in der Kühe und im Keller auf vielerlei Weise, besonders aber verdienen sie die gröste Aufmerksamkeit in der Färberei, auch kann der Strauch zum Gerben gebraucht werden.

§. 324. Der **Preusselbeerstrauch**, Vaccinium vitis idæa L., ist in Ansehung des Baues und der Gestalt dem vorigen ähnlich, nur sieht er etwas heller und gelblichgrün aus; die Beeren sind roth und nicht so angenehm von Geschmack als die Heidelbeeren; man bedient sich ihrer ebenfalls in der Küche. Der Strauch verhält sich aber zur Forstwirthschaft eben so, wie der vorige.

§. 325. Der **Trunkelbeerstrauch**, Vaccinium uliginosum L., ist eben von der Art wie die beiden vorigen, nur ist er gröser, stärker, und hat vorzüglich seinen Plaz in feuchten Moorgründen. Die Trunkelbeere betäubt, wenn man ihrer viel genießt. Der Strauch wird von Färbern und Gerbern benuzt.

§. 326. Der **Kerzenbeerstrauch**, Myrica gale L., ist ein niedriges dauerhaftes Strauchgewächs, den grosen Heidelbeersträuchen oder auch dem Aufschlag junger Weiden nicht unähnlich: die Wurzel ist ästig, zaserig, hart, fest und zähe, sie kriecht im nassen Moorboden weit umher; die Blätter sind hart, lanzettenförmig, schön grün, glatt und fein gezahnt; die Blühte erscheint im Sommer, ist männlich und weiblich auf verschiedenen Pflanzen, und die weibliche erzeugt eine Beere, welche einen Saamkern enthält.

§. 327. Dieser kleine Strauch, der eigentlich unter das Erdholz gehört, ist ein unschädliches Gewächs, das den feuchten Moorboden liebt: man kann es aus dem Saamen, durch Ableger und Verpflanzen der Sträucher erziehen, wobei man aber immer darauf sehen muß, daß man es auf seinen natürlichen Boden bringe; das Verpflanzen erfordert die Vorsicht, daß man die Wurzel mit vieler Erde heraushebe, und sie bald an ihren gehörigen Ort bringe.

§. 328. Der Kerzenbeerstrauch hat verschiedene Eigenschaften, welche ihn aufmerksamer Versuche würdig machen: alle seine Theile schwizen einen Saft aus, der zwischen dem Wachs und Harz das Mittel hält; er ist öligt, klebrig, wohlriechend; man hat dieß Wachs mit Unschlitt zu einer Masse geschmolzen und Kerzen daraus verfertigt; auch ziebt der Weingeist etwas aus, das weitere Aufmerksamkeit verdienet.

§. 329. Die Mistel, Viscum album L. Mestel, Mispel, Kenster, Künster, Affolter, Affelter, Marentacken, Heil aller Schaden — ist eine immer grünende Schmarozerpflanze und ein kleiner Strauch, den man aber nirgend als auf der Rinde der Bäume wachsen sieht. Die Wurzel ist fein, faserig, und wo sie die Umstände nicht hindern, da geht sie mit ihren warzigen feinen Keimen in die Rinde der Bäume hinein, bringt biß in den Splint, und zieht also den Saft des Baums in sich.

§. 330. Die Mistel hat gemeiniglich männlich- und weibliche Blühten getrennt auf verschiedenen Pflanzen, zuweilen auch auf einem Strauch, in verschiedenen Blumen, welche früh im Frühling erscheinen; darauf folgt eine weiche weise Beere mit einem Kern: durch diesen geschieht die Fortpflanzung, wenn er auf die Rinde eines Baums fällt; oder durch den Leib der Vögel gegangen, und an einen Ort gebracht wird, wo er wachsen kann. Der Nuzen der Mistel ist gering: man braucht sie wohl in der Medizin, aber vielleicht ohne Grund; die Beeren dienten ehmals zum Vogelleim, ehe man die Rinde der Stechpalme dazu gebrauchte; übrigens sind sie dem Holz schädlich.

§. 331. Der *Kiehnpost*, Ledum palustre L. Post, Poost, wilder Rosmarin, Schaben- oder Mottenkraut, Kiriepost, Hartheide, Sichttanne, Heiden-Bienenkraut, Sauchthanne, Granze, Saugranze, Bienenheide, Moor-Rosmarin, Heidnisch Bienenkraut — ist ein kleines Erdholz, welches in Sümpfen und Moorgründen gefunden wird. Die Wurzel hat sehr feine und zähe Haarwurzeln, vermög welcher sie sich in der sumpfigten Erde sehr weit ausbreitet; die Rinde ist unten am Stock aschfarbig, an den Zweigen aber braun-roth, und etwas wollig; die Blätter sehen wie Rosmarinblätter aus, sind aber etwas dicker und unten braun-gelblich; die Zwitterblühte erscheint gegen das Ende des Junius; darauf folgt eine Saamenkapsel mit 5 Fächern, welche die sehr feine und zahlreiche Saamkörner enthalten.

§. 332. Die Fortpflanzung des Kiehnpostes geschieht natürlicher Weise aus dem Saamen; wenn er aber abgeschnitten wird, so treibt er wieder häufige Stammlohden, und solchergestalt kann er genuzt werden. Das Versezen an andere Orte geht sehr schwer an.

§. 333. Die Benuzung dieser Pflanze ist wichtig, und sollte mehr Bedacht darauf genommen werden: denn sie gehört unter die besten Gerbemittel, und wird in Rußland zu der Verfertigung des Juchtenleders gebraucht, dem es zum Theil seinen angenehmen Geruch geben helfen soll, denn die ganze Pflanze hat einen berauschenden angenehmen Geruch; die obersten Gipfel dienen auch zum Bierbrauen, und die Bienen gehen dem Post häufig nach.

§. 334. Diese bißher abgehandelte Holz- und andere Pflanzen sind diejenigen, welche unmittelbaren Bezug auf das Forstwesen haben, und daher als Gegenstände der Forstwirthschaft, zum Nuzen oder Schaden, betrachtet werden müssen. Indessen sind die Wälder noch voll von andern Gewächsen. Es ist gut, wenn sie der Forstmann kennt, aber eben nicht unumgänglich nöthig; doch verdienen noch die **Farrenkräuter, Moose** und **Schwämme**, daß ich ihrer mit wenig Worten gedenke.

§. 335. Die **Farrenkräuter**, Filices, findet man hin und wieder in den Wäldern. Einige Arten derselben wachsen im guten Waldgrund, andere zwischen Steinen und Klippen, und wieder andere auf angefaulten Bäumen, besonders auf denen, welche man als Kappholz benuzt, und daher oben auf dem Kopf kernfaul werden, wo sich alsdann das **Engelsüß**, Polypodium, leicht in der faulen Holzerde anpflanzt.

§. 336. Die Wurzeln der Farrenkräuter
sind

sind verschieden: einige bestehen aus einem Stengel, der waagerecht unter dem Moos oder in der Dammerde fortkriecht, und die Farren der Reihe nach aus seinem Rücken hervortreibt; andere graben mit ihrer faserigten Wurzel mehr unter sich, und geben oben verschiedene Schüsse von sich.

§. 337. Die Farren sind eigentlich gefiederte Blätter von einer besondern Art, wenn man mir den Ausdruck erlauben will. Der Hauptstiel treibt paarweiß gegen einander über stehende Nebenstiele, welche abermal paarweiß gegen einander über stehende häufige Blätter treiben, die vorn abgeründet, sonst schmal, überall gleich breit, und mit der Basis fest an den Stiel angewachsen sind. Die ganze Pflanze, so wie die Seitenzweige, hat eine lauzenförmige Gestalt.

§. 338. Dieß sonderbare Gewächs bekommt keine ordentliche Blumen, sondern im Mai, Junius und Julius erscheinen auf dem Rücken der Farrenblätter kleine runde Flecken, welche die eigentliche Blüthe sind, und einen sehr feinen Saamen hervorbringen, der gemeiniglich in einem biß zween Monaten schon reif wird.

§. 339. Dieser Saamen wird durch Wind und Wetter weit umhergeführt und ausgesaet.

Forstwirthschaft 1Th.

er geht nur im feuchten Moos, verschiedenen Erdarten, und in einer feinen faulen Holzerde auf. Weil dieß Gewächs bißdahin noch wenig Nuzen geäuffert, so hat man sich um seine Anpflanzung gar nicht zu bekümmern.

§. 340. Die grosen Farrenkräuter fallen oft dem jungen Aufschlag und Anflug beschwerlich, weil sie denselben ersticken und nicht aufkommen lassen; zuweilen sind besonders die kleinen Arten an lichten Oertern und Blösen nüzlich, um dem jungen Gehölze Schirm gegen die Sonnenhize und Feuchtigkeit zu geben. Sonst haben verschiedene Farrenkräuter in der Haushaltung, bei den Fabriken und in der Medizin einigen Nuzen: so kann man sie im Fall der Noth dem Vieh unterstreuen, Asche daraus brennen zum Glasmachen, Ziegel damit brennen; einige Gattungen dienen zum Gerben, auch kann man anstatt des Strohes zerbrechliche Waaren damit einpacken, u. s. w.

§. 341. Die Moose, Musci, zu welchen die Forstleute auch die Flechten, Algæ, zählen, wachsen auf der Erde, an den Felsen, auf den Steinen, an den lebenden und todten Bäumen. Diese sonderbaren Gewächse kommen mir vor, wie das Ungeziefer im Thierreich: sie haben ihren Nuzen, aber auch ihren Schaben; bald sehen sie wie kleine grüne Pflänzgen aus, die wie ein Pelz in einander geflochten und gewachsen sind; bald sind sie lederartig, häutig oder sadig, und wie kleine Korallen gestaltet; manche bilden auch einen staubähnlichen Ueberzug auf andern Körpern.

§. 342. Die Moose haben ihre Wurzeln, Zweige und Befruchtungs- oder Fortpflanzungs-Werkzeuge, und sind Pflanzen. Den Forsten werden sie schädlich, wenn sie die Bäume überziehen, sie in ihrem Wachsthum hemmen, und vielerlei schädlichem Ungeziefer zum Auffenthalt dienen; oder: wenn sie den Boden überwachsen, und das junge Holz am Aufkommen hindern. Nüzlich sind sie einiger masen zum Streuen unter das Vieh, verschiedene Arten in der Medizin und zum Manufakturwesen, besonders in der Färberei. Oft dienen sie auch kleinen Saamen zum Aufkeimen, indem sie den Grund feucht erhalten, und den jungen Pflänzaen Nahrung geben.

§. 343. Auch die Schwämme, Fungi, haben ihren Wohnplaz vorzüglich in den Forsten. Einige Arten derselben wachsen in grosen fleischigten Masen an lebenden und toden Bäumen; andere sind mehr pflanzenartig, indem sie an Stielen, Stengeln oder Strünken auf dem feuchten Boden geschwind aufwachsen, und bald wieder vergehen. Ich halte mich hier mit der nähern botanischen Beschreibung dieser Körper weiter nicht auf.

§. 344. In den Forsten bestehet der Schaden der Schwämme vorzüglich darin, daß sie den Bäumen, an welchen sie wachsen, den Nahrungssaft entziehen, und sie nach und nach verdorren machen. Ihr Nuzen ist bei der Forstwirthschaft klein: sie geben vielerlei Ungeziefer Nahrung, welches wieder zur Vogelmast dient. Für die unumschränkte Lüsternheit der Menschen muß das Reich der Schwämme ebenfalls seinen Tribut hergeben: die **Champignons**, Agarici campestres; die **Moucerons**, Agarici mammosi; die **Pfifferlinge**, Agarici cantavelli; die **blaue Schwämme**, Agarici violacei; die **Tännlinge**, Agarici deliciosi; die **Breitlinge**, Agarici lactiflui; die **Pilze**, Boleti Bovini; der **Bocksbart**, Clavaria fastigiata; die **Morcheln**, Phalli esculenti; und die **Trüffel**, Lycoperdon tuber, sind die vornehmsten eßbaren Schwämme; andere Sorten sind auch giftig, daher man sich bei der Einsammlung sehr in Acht zu nehmen hat.

§. 345. Man hat noch verschiedene Holzpflanzen, welche eben so wohl in dem Wald, als in den Obstgärten gefunden werden, sie sind daher werth, daß ich sie hier unter dem Namen der Forst=Obstbäume in etlichen besondern Paragraphen abhandle. Denn obgleich oben schon wilde Obstarten vorgekommen sind, so hat es doch damit eine andere Beschaffenheit: denn sie können nicht wohl anders als veredelt in die Gärten kommen, dahingegen folgende sowohl in den Forsten, als in den Gärten unveredelt benuzt werden. Indessen muß ich gestehen, daß ich es für sehr vortheilhaft ansähe, wenn die Forstmänner auf gutem Grund, in Vorhölzern, auf lichten Plätzen und sonst hin und wieder, allerhand gute auch wohl gepfropfte Obstarten häufig anpflanzten. Die Mast würde dadurch gewinnen, und der Forstertrag überhaupt um ein ansehnliches vergrößert werden.

Forst=Obstbäume.

§. 346. Der gemeine Mandelbaum, Amygdalus communis, mit seinen Abarten, gehört vielleicht gar nicht daher; weil er aber doch in der Schweiz wild wächst, derselbe auch in der Pfalz erzogen wird, so will ich ihn nicht übergehen. Er kommt zwar in den finstern kühlen Wäldern nicht fort, aber es ist die Frage: ob man ihn nicht in unſern wärmſten Gegenden in den Sommerſeiten, in den Mantel der Wälder, und in die Vorhölzer anbauen, und ob nicht ein groſer Nuzen zum Beſten der Forſtkaſſe daraus erzogen werden könnte? denn das Holz iſt hart, und ſieht, wenn es gut verarbeitet wird, ſehr ſchön aus; wenn auch die Früchte nicht völlig die Güte der beſten Mandeln erreichen ſollten, ſo lieſſen ſie ſich doch vielleicht zur Maſt und auf Oel benuzen.

§. 347. Der Mandelbaum iſt ein ordentlicher hochſtämmiger Obſtbaum, die Wurzel geht ziemlich tief im guten Grund, und breitet ſich auch in etwas aus; die Rinde der jungen Zweige iſt nach der Mitternachtſeite grün, nach der Mittagsſeite roth; das Holz iſt ſehr hart und zuweilen geflammt; die Blätter ſind lang, ſchmal, oder lanzettenförmig, am Rand fein gezahnt und weißlich-grün; die Zwitterblühte erſcheint frühzeitig im Frühjahr ſchon im April; darauf folgt die bekannte Mandel, welche im Herbſt reif wird.

§. 348. Der Mandelbaum läßt ſich leicht durchs Stecken der Mandeln im Frühjahr bei trockenem fruchtbarem Wetter fortpflanzen, auch kann man ihn propfen und verſezen. Der Nuzen dieſes Baums iſt vielfältig: er ſchlägt am Stock aus, das Stammholz dient Schreinern und Drechslern, der Abraum zu Reis- oder Brandholz, die Frucht zu vielfältigem Gebrauch, in die Haushaltung und Apotheke, und zu einem herrlichen Oel.

§. 349. Der Wallnußbaum, Juglans regia L. ist in Deutschland gemeiner als der Mandelbaum, wird allgemeiner angebaut, und verträgt unsern Himmelsstrich besser, daher er noch leichter zum Waldbaum gemacht werden kann. Doch gedeiht er ebenfalls im dicken kühlen Wald nicht, sondern er erfordert einen freien Stand im Mantel der Forsten und Vorhölzer, und an den Strasen.

§. 350. Der Wallnußbaum ist ein groser hochwachsender und mit seinen Zweigen sich weit ausbreitender Baum: die Wurzeln gehen tief in die Erde, und breiten sich weit aus; die Rinde ist aschgrau, am jungen Holz glatt, am alten runzlich; das junge Holz ist weiß und weich, das alte schön braun, hart, fest und flammig; das Laub besteht aus fünf länglichten eirund zugespizten, gefiedert am Hauptstiel stehenden Blättern, die einen angenehmen Geruch haben; die Blühte ist männlich und weiblich getrennt auf einem Baum, erscheint schon im April, und darauf folgt die bekannte Wallnuß, welche im August und September reif wird.

§. 351. Das Fortpflanzen dieses Baums geschieht am füglichsten durch Einstecken der Nüsse: man verwahrt sie nämlich den Winter über im Sand, und läßt sie darin keimen; im Frühjahr steckt man sie bei schönem fruchtbarem Wetter in einen guten Boden, am füglichsten in eine Baumschule; wenn sie da erzogen sind, so verpflanzt man sie im Frühjahr in jeden Boden, der nur nicht kalt und schattigt ist, und wo sie ziemlich frei und allein stehen. Die andere Manieren der Fortpflanzung wollen bei dieser Holzart nicht recht anschlagen.

§. 352. Der Wallnußbaum wächst sehr geschwind: nach 3 biß 4 Jahren kann man ihn schon aus der Baumschule an seinen Ort verpflanzen, nach 40 Jahren ist das Holz reif, und nach 60 Jahren nimmt der Baum wieder ab. Dieser geschwinde Wachsthum, nebst dem herrlichen und kostbaren Holz, und der guten Benuzung der Wallnüsse, macht ihn in den Gegenden, wo er wächst, dem Forstwirth aller Aufmerksamkeit würdig. Das Nußbaumholz wird von den Schreinern und Holzkünstlern häufig gesucht und theuer bezahlt; die maserigte Wurzel dient zum Fourniren auf eine vorzügliche Weise. Viele Theile dieses Baums verdienen mehrere Versuche und Benuzung in der Färberei, und die Frucht ist beides in der Küche und der Apothecke sehr gebräuchlich.

§. 353. Die Haselstaude, Corylus avellana L. ist gewöhnlich ein groser Strauch, seltener ein Baum, und wird bei uns häufig wild gefunden; da man sie aber auch in den Obstgärten unveredelt erzieht, so gehört sie zum Forstobst, und also füglich hieher. Die Wurzel ist stark, dick und holzig, breitet sich weit aus, und wuchert mit gerad aufschiessenden Wurzellohden; die Rinde hat ein braunes Oberhäutgen, darunter ist sie grün; die Blätter sind groß, eirund, unordentlich gezahnt, weich, wollig und dunkelgrün; die Blühten sind getrennt auf einem Stamm und erscheinen schon im März; darauf folgen die Haselnüsse, welche im Herbst reif werden, sich aber zur Saat nicht lang halten lassen.

§. 354. Die Haselstaude kann durch Einstecken der Nüsse, welches gleich im Herbst geschehen muß, fortgepflanzt werden; sie schlägt vom 6ten biß ins 40ste Jahr am Stock häufig aus, und als Schlagholz abgetrieben, wächst sie häufig wieder an; die junge Pflanze kann man schon im 4ten Jahr in kleine Löcher im Frühjahr verpflanzen; man kann auch Wurzellohden mit ihrem Wurzelstück ausgraben, sie in der Baumschule erziehen, und wenn sie gute Wurzeln gezogen haben, ins Buschholz und Vorhölzer verpflanzen; sie nehmen zwar mit jedem Boden vorlieb, doch gedeihen sie in einem mürben guten Waldgrund am besten.

§. 355. Dieser Strauch enthält eigentlich kein brauchbares Nuzholz, doch dienen die starken gerad aufgeschossenen Lohden zu Reifen an seine Böttgerarbeit; zu Reis- und Brandholz ist er sehr nüzlich. Die Haselnüsse geben eine sehr gute Forstnuzung, wenn sie nur beobachtet würde: man kann sie als eine gangbare Waare überall verkaufen, und aus den Kernen ein herrliches Oel schlagen; wo sie häufig gefunden werden, da sind sie ein beträchtliches Stück der Mastung.

§. 356. Der Kastanienbaum, Fagus castanea L. ist ein hochstämmiger Baum, der seine Aeste weit ausbreitet. Er ist eigentlich in Deutschland nicht einheimisch, doch wird er nunmehr in unsern wärmern Gegenden häufig und wild wachsend angetroffen, daher man ihn mit Recht unsern Forst-Obstbäumen zuzählen kann.

§. 357. Die Wurzel geht ziemlich tief; die Rinde ist schwarzbraun; das Holz hellbraun, fest, faserig und hart; die Blätter sind länglich zugespizt, am Rand gezahnt, schön grün, und unten mit erhabenen Adern versehen; die Blühte ist männlich und weiblich getrennt auf einem Stamm, und kommt gegen das Ende des Mai's; darauf folgt die Kastanie in einer Hülse eingeschlossen, welche im Herbst reif wird, zur Saat aber nicht lang aufbewahrt werden kann.

§. 358. Die Fortpflanzung geschieht am vortheilhaftesten durch die Kastanien: man legt sie im Herbst in feuchten Sand, läßt sie darin keimen, und im Frühjahr verpflanzt man sie entweder in die Baumschule, oder an ihren gehörigen Ort; sie lieben einen tiefgründigen gemischten, nicht zu magern Boden, der auch nicht kalt ist; nach 10 biß 15 Jahren kann man den jungen Baum im Frühjahr in Löcher versezen; der Stock schlägt gut aus, und giebt recht nuzbares Schlagholz.

§. 359. Zum Stangen- oder Schlagholz ist dieser Baum vom 20sten biß 40sten Jahr am dienlichsten, nach 200 Jahren wird das Holz vollkommen, alsdann fällt man es im Herbst. Es dient den Schreinern, Rademachern und Zimmerleuten: denn als Bauholz benuzt, giebt es dem Eichenen im Trockenen nichts nach. Weinfässer daraus verfertiget sollen eine vorzügliche Güte haben; die jungen Stangen geben sehr gute Faßreifen, u. s. w. Die Früchte selber sind für Menschen und Thiere sehr nahrhaft, auch kann man einen wohlschmäckenden Kaffee daraus bereiten. Die Kastanienwälder sind daher sehr nuzbar: das Holz ist zu Schlag- und Stammholz vortreflich, die Früchte sind eine stark abgehende Waare, und die Mastung ist unvergleichlich. Der Kastanienbaum wird 400 bis 500 Jahre alt.

§. 360. Die Arten des Maulbeerbaums gehören eigentlich nicht zum Forstwesen, doch halt ich dafür: wenn ein Forstmann in einem stark angebauten Land kleine Forstreviere hat, wo besonders der weise Maulbeerbaum recht gut wächst, und übrigens der Forstertrag sehr klein ist, daß er zur Verbesserung des herrschaftlichen Intreße kleine Wälder zur Seidenzucht anlegen könnte, ich glaube, daß dieser Vorschlag aller Aufmerksamkeit werth ist. Der Anbau der Maulbeerbäume wird in der Landwirthschaft gelehrt.

§. 361. Die manchfaltigen Versuche geschickter Pflanzenkündiger haben uns belehrt, daß es noch viele ausländische Bäume und Sträucher giebt, die unsere Winter ausdauern und unsern Himmelsstrich vertragen, so, daß

Die Forstbotanik.

sie also mit vielfachem Nuzen in unsere Wälder verpflanzt werden könnten. Um nun unsere Forstwirthe dazu aufzumuntern, will ich nur die bißher bekannten und für uns vorzüglich nüzliche ausdauernde Holzpflanzen, nebst ihren besten Eigenschaften, anzeigen; übrigens aber mein Lehrbuch mit ihrem weitläuftigen Forstkarakter nicht vergrösern, biß sie einmal würklich Forstpflanzen bei uns geworden sind. Den Inländischen folgen also mit Recht:

Die ausländischen Bäume und Sträucher,
und zwar erstlich
die Nadelhölzer.

§. 362. **Die Gileadische Balsamtanne**, Pinus balsamea L. ist ein schöner, geschwind wachsender, aber eben nicht groser Baum. Er hat mit unserer Weißtanne viele Aehnlichkeit, und giebt einen schönen Terpentin.

§. 363. **Die Schierlingstanne**, Pinus Americana L. ist in Virginien zu Haus und bei uns noch nicht sonderlich groß geworden. Sie hat das sonderbare, daß ihre Zweige den Winter über, wie an der Babylonischen Weide, herabhangen, im Frühling aber sich wieder aufrichten. In Ansehung des Nuzens mag sie der vorigen ähnlich seyn.

§. 364. Die **weiſe Nordamerikaniſche Fichte**, Pinus Canadensis L. und die **ſchwarze Nordamerikaniſche Fichte**, Pinus Mariana du Roi, ſind Nadelhölzer, welche in Nordamerika wachſen, und einen ſehr kalten Stand und magern Boden lieben. Dieſe Umſtände können alſo ihren Anbau veranlaſſen, wo man nicht wohl anderes Holz erziehen kann.

§. 365. Die **Weymuthskiefer**, Pinus ſtrobus L. iſt ebenfalls ein Amerikaniſches Gewächs, und wird dort zu einem der ſchönſten und höchſten Bäume; ſie gedeiht in unſerm Erdſtrich ſehr wohl, liebt einen etwas feuchten Boden, und giebt die beſte Hofnung, daß ſie dereinſt eins unſerer nüzlichſten Nadelhölzer werden wird; ihr Holz hat Vorzüge: es wächſt ſehr geſchwind, und das Harz iſt recht gut, deſſen ſie eine groſe Menge enthält.

§. 366. Die **Ceder von Libanon**, Pinus cedrus L. iſt einer von den gröſten und ſchönſten Waldbäumen; er liebt einen hohen Stand, kommt daher bei uns auf den Gebirgen recht wohl fort, und verdient in aller Absicht, daß man ihn fleiffig anbaue. Die Vortreflichkeit des Cedernholzes ist allzubekannt, als daß sie den verständigen Forstwirth nicht anrezen sollte, diesen herrlichen Baum anzupflanzen, da er doch zuverläßig bei uns wohl anschlägt. Wäre nur der ächte und gute Saame leichter zu bekommen.

§. 367. Der **Oxycedrus-Wacholder**, Juniperus oxycedrus L. wächst in Spanien und am mittelländischen Meer, aber er verträgt auch die strengste Kälte. Da er nun gröser wird, als der unserige, auch grösere Beeren hat, so kann er in unsern Forsten ein nüzliches Gehölz werden; doch liebt er einen bessern Boden, als der gemeine Wacholder.

§. 368. Der **Virginische Wacholder**, Juniperus Virginiana Milleri, und der **Karolinische Wacholder**, Juniperus Caroliniana Mill. haben beide ihr Vaterland in Amerika. Sie werden zu grosen Bäumen, geben ein vortrefliches dem Cedernholz ähnliches wohlriechendes Holz, wachsen sehr schnell, und dauern bei uns aus, daher sie nothwendig und zu unserm grosen Nuzen angebaut werden sollten. In Ansehung des Bodens sind sie unserm Wacholder gleich.

§. 369. Die **immergrünende Cypresse**, Cupressus sempervirens L. ist in Kandien zu Haus. Verschiedene einzelne Versuche beweisen, daß sie unsere Winter, besonders in südlichen Deutschland, ausdauert. Wird dieß durch weitere Erfahrungen bestätigt, so verdient dieser Baum alle Aufmerksamkeit, denn das Holz ist schön, wohlriechend, und auch im Wechsel der Witterung fast unverweslich.

§. 370. Die weise Ceder, Cupressus thyoides L. ist in Nordamerika zu Haus, wächst in sumpfichten Gegenden, verträgt unser Klima vollkommen, und giebt ein starkes Baumholz, das den Wechsel der Witterung lang aushält, und auch noch zu andern Nuzungen dient, daher es in Brüchen und Sümpfen nüzlicher als unsere Erlen angepflanzt werden könnte.

§. 371. Die Virginische Cypresse mit Acacienblättern übergehe ich, weil sie keine sonderliche Vorzüge hat; der Lebensbaum hingegen, Thuja occidentalis, der schon längst bei uns bekannt, aber noch nicht forstmäßig behandelt worden ist, verdient seines schönen dauerhaften und nuzbaren Holzes wegen, das zu allerhand Schreiner- und Drechslerarbeiten vorzüglich gut ist, alle Aufmerksamkeit. Der Chinesische Lebensbaum, Thuja orientalis L. ist zärtlicher in Ansehung der Witterung, und mag von dem vorherge-

Die Forstbotanik.

hergehenden, was den Nuzen betrift, nicht viel verschieden seyn.

Ausländische Laubhölzer.

§. 372. Diejenige ausländische Holzpflanzen, welche vor den unserigen keine Vorzüge haben, kann ich dem Forstwirth nicht zum Anbau empfehlen; daher nehme ich von den fremden Eichenarten nur eine einzige aus, die andern alle, welche noch zur Zeit bekannt sind, übergehe ich, weil unsere Eichen eben so gut, wo nicht besser sind.

§. 373. Diese fremde Eiche ist die **Nordamerikanische rothe Eiche**, Quercus rubra L. Ihr Name zeigt schon das Vaterland an. Die Ursache, warum ich den Anbau dieses Baums anrathe, ist nicht so sehr das Holz, (denn dieß ist mit unserm Eichenholz gar nicht zu vergleichen und nicht dauerhaft) sondern der ausserordentlich geschwinde Wuchs, der unsere Nadelhölzer übertrift. Da nun die übrige Benuzung der Gerberloh, der Schweinsmast und des Schlagholzes, und vielleicht auch der Holzkohlen, recht gut ist, so könnten dergleichen Haubüsche oder Wälder mit Vortheil bei uns angelegt werden.

§. 374. Der **Zucker-Ahorn**, Acer

Saccharinum L. wächst in Pensilvanien, und dauert auch unsere Winter aus. Weil er durch Anzapfen einen zuckerreichen Saft giebt, der vielleicht an Güte und Menge den unserigen übertrift, so verdient er, daß man ihn in unsern Wäldern anbaue. Der *Virginische eschenblätterige Ahorn*, Acer Negundo L. hat ausserdem noch die Eigenschaften, daß er sehr geschwind wächst, und ein sehr schönes Holz hat.

§. 375. Die *Hopfen-Hainbuche*, Carpinus ostrya L. wächst in Virginien, aber auch in Europa. Ihr Holz ist braun, sonst dem gemeinen Hainbüchenen in allem gleich. Weil dieser Baum viel geschwinder wächst als unsere einheimische Hainbuche, so verdient er angepflanzt zu werden.

§. 376. Die *Virginische Hainbuche*, Carpinus Virginiana Milleri, ist von voriger in vielen Stücken verschieden: sie wächst noch schneller, und wird zu einem ordentlichen Baum. Da nun ihr Holz wahrscheinlich eben so gut ist, als voriges, so verdient sie in unserer Forstwirthschaft in Betracht gezogen zu werden.

§. 377. Die *Italiänische Pappel*, Populus nigra Italica, hat in ihren Zweigen und in dem Holz selbst mehrere Zähigkeit, als unsere gemeine schwarze Pappel; und da sie eine regelmäsige piramidförmige Figur annimmt, zugleich auch sehr hoch und schattigt wird, so wählt man sie zu Alleen: vielleicht würde sie auch bei uns ein recht nüzlicher Waldbaum werden, wenn man einen guten Boden für sie bestimmte.

§. 378. Die Balsam-Pappel, Populus balsamifera L. wächst in Nordamerika und Sibirien, und mag daher auch recht wohl in unserm Klima gedeihen. Sie giebt das Gummi Tacamahack; übrigens aber finde ich nicht, daß sie die Mühe des Anbaues in unsern Forsten lohne.

§. 379. Die Babilonische Weide, Salix Babylonica L. ist in Orient zu Haus, wächst geschwind, treibt sehr lange bis auf die Erde herabhangende dünne Zweige. Diese sind vielleicht Gegenstände, welche ihren Anbau wichtig machen: denn wenn sie zähe genung sind, besonders wenn sie am Geräthe, an Körben und Geflechten alt werden, und dann nicht leicht knacken, so ist sie in dieser Absicht werth, daß man sie erziehe; und in den Gärten verdient sie es wegen ihres rührenden Anblicks.

§. 380. Der schwarze Nordamerikanische Wallnußbaum, Juglans nigra

L. ist dem grauen und weißen aus diesem Land, wegen der ausnehmenden Schönheit seines Holzes, vorzuziehen; daher empfehle ich ihn auch allein zum Anbau in unsern Wäldern: denn da das mitternächtige Deutschland keine Wallnußbäume wohl erziehen kann, und also das schöne Holz aus andern Ländern kommen lassen muß, dieser Baum aber unser Klima wohl verträgt, so sollte man nirgends versäumen, denselben zu pflanzen.

§. 381. Die **Roßkastanie**, oder **wilde Kastanie**, Aésculus Hippocastanum L. ist ursprünglich im nördlichen Asien zu Haus, aber ihrer Schönheit wegen schon lang bei uns zu Alleen und Lustwäldern erzogen worden. Ihr Holz hat keine besondere Vorzüge, ob es gleich brauchbar ist; mit den Früchten hat man allerhand Versuche gemacht, theils sie zu veredeln, theils auch allerhand brauchbare Produkte: Kaffe, Futter fürs Vieh und Stärke daraus zu verfertigen; lezteres aber ist biß dahin noch am besten gelungen.

§. 382. Die **Platanus-Arten**, sowohl die morgen- als abendländischen, Platani orientales & occidentales, sind Bäume, die unsere Aufmerksamkeit verdienen; sie lieben einen feuchten Boden, wachsen sehr geschwind, und erreichen bald eine ausserordentliche Höhe und Dicke; ihr Holz ist sehr brauchbar, und wegen ihrer grosen Blätter geben sie einen weit ausgebreiteten kühlen Schatten, so, daß sie zu Alleen und zum Mantel der Wälder unvergleichlich sind.

§. 383. Die **Virginische Traubenkirsche**, Prunus Virginiana L. wächst geschwind, und giebt ein schönes Holz zu feiner Schreinerarbeit. Diese Umstände rathen ihren Anbau.

§. 384. Der **Buchsbaum** ist zweierlei: 1) der **hochstämmige**, Buxus sempervivens arborescens L. und 2) der **Zwerg-Buchsbaum**, Buxus fruticosus Mill. Die erste Art ist bei uns nicht einheimisch, und noch zur Zeit nur in den Gärten in einem beschüzten Stand erzogen worden. Hingegen die andere Art gebrauchen wir sehr häufig zur Einfassung unserer Gartenbeete. Das Buchsbaumholz ist wegen seiner Kostbarkeit und Schönheit allgemein bekannt, und eines der schönsten Hölzer. Da nun einzelne Versuche Hofnung machen, daß man durch besondere Wartung den Zwerg-Buchsbaum zum hochstämmigen erziehen kann, so ist's der Mühe werth, daß diese Versuche häufig und fleissig fortgesezt werden, damit man das theure und schöne Buchsbaumholz häufiger und wohlfeiler erhalten könne.

§. 385. Der **Virginische Schoten-dorn**, Robinia pseudo-Acacia L. wächst in Amerika und hält unsere Winter aus. Er hat einen überaus schnellen Wuchs, so, daß man Jahrringe gefunden hat, die zwischen einem halben und ganzen Zoll dick waren. Dieser Umstand, und daß er sehr gut am Stamm ausschlägt, empfehlen ihn vorzüglich zum starken Anbau. Man hat ihn zu Stammholz erzogen, und auf solche Weise auf dem Raum eines halben Morgens bei 10,000 Stück Weinpfähle erhalten. Das Holz ist zur Feuerung vortreflich, giebt allem Vermuthen nach gute Kohlen, und dient, wenn es reif ist, zu allerhand Schreinerarbeit. Das Schlagholz wird alle drei Jahre abgetrieben. Alle diese Umstände machen uns den Anbau dieses Holzes sehr wichtig.

§. 386. Der **breitblätterige Cytisus**, Cytisus Laburnum L. hat die vortrefliche Eigenschaft, daß er im schlechtesten Boden, und noch dazu so schnell wächst, daß er in 4 Jahren 12 Schuh hoch werden kann, und ein schönes, im Kern schwarzes, festes und hartes Holz hat, so, daß es zu allerhand schöner Schreiner- und Drechslerarbeit dienen kann.

§. 387. Die **dreistachligte Gleditsia**, Gleditsia triacanthos L. ist ebenfalls ein

Nordamerikanisches Gewächs. Ich bin zweifelhaft, ob ich es dem Forstwirth zum Anbau rathen soll? Es wächst zwar sehr geschwind, und wird zu einem mittelmäsigen Baum, allein sein Holz hat keine sonderliche Vorzüge; zu Hecken und Befriedigungen mag es indessen seiner scharfen Dornen wegen sehr brauchbar seyn.

§. 388. Der südliche und der abendländische Zürgelbaum, Celtis australis & occidentalis L. dauern in unsern Gegenden aus, werden zu grosen Bäumen, und haben ein zähes, biegsames, und zu allerhand Geräthen nuzbares Holz, so, daß ihr Anbau wohl die Mühe lohnen könnte.

§. 389. Dieß sind die vornehmsten ausländischen Hölzer, die man mit Nuzen bei uns forstmäsig machen könnte; die übrigen, welche in den Gärten entweder zur Zierde oder zu häuslichem Nuzen erzogen werden, gehören nicht hieher, und eben so wenig diejenigen, welche zu Lustwäldern gebraucht werden: der Forstwirth überläßt das Vergnügende dem Kunstgärtner, und giebt sich nur mit dem Nüzlichen ab.

Dritter Abschnitt.
Die Holzzucht.

§. 390.

Wenn nun der Forstwirth alle vorhergehende Hölzer, sowohl ihrer allgemeinen als besondern Natur nach kennt, so muß er sie auch erziehen, und seine Forsten damit in Bestand sezen. Sein Hauptzweck muß immer dahin gehen, sich den grösten und besten Forstertrag zu erwerben. Der gröste Ertrag wird erworben, wenn er so viele Hölzer erzieht, als in seinen Revieren möglich ist; der beste aber, wenn er zugleich solche Holzarten erwählt, die in seinem Holzhandel den stärksten Abgang haben, und zugleich am theuersten sind.

§. 391. Allein diesem grosen und herrlichen Zweck stehen immer mehrere oder wenigere Umstände im Wege, welche die vollkommene praktische Ausführung desselben nach Verhältniß hindern. Alle diese Umstände muß sich der Forstwirth bekannt machen, und

mit gröſter Klugheit alle, ſo viel es thunlich
iſt, ſeinem Zweck anpaſſen, das Schädliche,
ſo viel möglich, wegräumen und ſchwächen,
dahingegen das Nüzliche ſo ſtark in Würkſam-
keit ſezen, als er kann.

§. 392. Dieſe Umſtände, welche den
Zweck des Forſtwirths beſtimmen und ein-
ſchränken, ſind: 1) der Boden ſeiner Reviere; 2) ihr Klima, oder der Himmels-
ſtrich; 3) ihre Gröſe; 4) ihre Lage; 5)
ihr würklicher Holzbeſtand; 6) der Abſaz
der Forſtprodukte; 7) Forſtgerechtigkeiten,
Servituten, und andere Umſtände.

§. 393. Der Forſtwirth muß alſo zuerſt
den Boden ſeines Diſtrikts unterſuchen: dieſer iſt in einem Revier und Diſtrikt nicht immer einerlei, geſchweige im ganzen Forſtregale eines Staats. Die vornehmſte Gattungen der Erdarten, in wie fern ſie Einfluß auf
die Forſtwirthſchaft haben, ſind folgende:
1) die thonigte, laimigte und lettigte, oder
mit einem Wort, die zähe Erdart; 2) die
ſandigte; 3) die ſteinigte Erdart, wenn ſie
entweder felſigt iſt, oder viele groſe und kleine Steine in ihrer Miſchung enthält, oder,
wenn breite Felſenlagen nah unter der Dammerde liegen; 4) der bruchigte, moraſtige oder

der Moorgrund; 5) der gemischte Boden, wenn verschiedene Erdarten so unter einander gemischt sind, daß keine sonderlich die Oberhand hat; und 6) der gute Waldgrund, welcher aus lauter Holzerde besteht, die seit Jahrhunderten aus dem verfaulten Abfall der Hölzer entstanden ist.

§. 394. Alle diese verschiedene Böden, der bruchigte ausgenommen, können noch überdas entweder trocken oder naß seyn; welches wieder einen wichtigen Unterschied macht. Die Erdart erkennt der Forstwirth 1) am äussern Ansehen, 2) an den Gewächsen, die darauf wachsen, (denn es giebt besondere Pflanzen, die nur auf ihrem natürlichen Boden, nicht aber auf einem andern, wohl gedeihen), 3) endlich durch den Erdbohrer. Der Boden muß durch dieß Werkzeug auf 5 biß 8 Fuß in die Tiefe untersucht werden, weil die Wurzeln verschiedener Bäume, besonders der Eichen, sehr tief gehen.

§. 395. Wenn der Forstwirth den Boden allerorten in seinen Revieren kennt, so weiß er aus der Forstbotanik, was für eine Erdart jedes Holzgeschlecht liebt; folglich kann er nun in dieser Rücksicht bestimmen, welche Hölzer er erziehen könne. Doch darf er noch nicht zum Werk schreiten, biß er auch die andern Umstände berichtiget hat. Indessen muß er doch die Regel beobachten: daß er auf jedem Boden diejenigen Hölzer zu erziehen suche, welche auf demselben am liebsten wachsen.

§. 396. Das Klima, oder die Beschaffenheit der Luft, hat gleichfalls einen wichtigen Einfluß auf den Wachsthum des Gehölzes: mit den Eigenschaften des Bodens vereinigt, bringt es einen merklichen Unterschied zwischen Bäumen und Sträuchern einer Art hervor. Hier ist anzumerken: ob die Luft den grösten Theil des Jahrs kalt oder warm, trocken oder feucht sei? Diese Natur des Dunstkreises muß der Forstwirth mit der Beschaffenheit der Erdarten vereinigen, und nun den Eigenschaften der Holzpflanzen gemäs schliesen: welche er anbauen könne, damit er nicht solche Hölzer ansäe oder pflanze, denen der Dunstkreis zuwider ist.

§. 397. Die Gröse des Distrikts, welchen ein Forstwirth unter seiner Aufsicht hat, macht wieder einen grosen Unterschied in der Holzzucht: ist der jährliche Verkauf des Holzes nicht verhältnißmäsig mit der Gröse des Distrikts, so wächst von selbst ein hinlänglicher Vorrath, so, daß man ohne mühsames Ansäen und Erziehen der Hölzer blos durch eine sorgsame und pflegliche Forsthut, allen Heischesäzen einer vollkommenen praktischen Ausführung genugthun kann.

§. 398. Ist aber im Gegentheil der Absaz groß und manchfaltig, so, daß der Forst, der natürlichen Besaamung allein überlassen, nicht Waaren genug zum Absaz ausliefert; oder ist der Distrikt zu klein gegen den Absaz, so muß der Forstwirth die künstliche und wirthschaftliche Holzerziehung zu Hilfe nehmen, und sich zur Regel machen: **Wo die sich selbst überlassene Natur nicht Produkten genug zum Verkauf ausliefert, da muß ihr durch Ansäung und Erziehung Hilfe geleistet werden.**

§. 399. Die Lage der Wälder ist verschieden, und diese Verschiedenheit hat ebenfalls auf die Holzzucht einen mächtigen Einfluß. Sie läßt sich füglich folgendergestalt eintheilen:

A. Die schiefe Lage. Diese ist entweder
   a. östlich,   c. westlich, oder
   b. südlich,   d. nördlich.

B. Die ebene Lage. Diese ist wiederum
   a. hoch, oder
   b. niedrig. Beide Lagen sind entweder
      1. beschüzt, oder 2. unbeschüzt.

Die beschüzten Ebenen sind solche, welche vom Wind nicht stark bestrichen werden können, so, daß sie also durch Berge beschüzt werden. Dieß geschieht nun wieder entweder

    a. auf der nördlichen Seite der Ebene,
    b. oder auf der östlichen,
    c. oder auf der südlichen,
    d. oder auf der westlichen.

§. 400. Daß alle diese Lagen gewissen Hölzern günstig und andern nicht günstig sind, ist jedem Forstmann bekannt: so wachsen die Rothbuchen gern an den mitternächtigen Abhängen der Berge. Desgleichen andere Hölzer, die die Kälte und den Schatten lieben; hingegen die Eichen stehen gern an der Mittagseite, wiewohl ihnen der Stand nicht so nothwendig ist; Mandelbäume und Wallnußbäume aber lieben ihn vorzüglich. Die östliche und westliche Bergseiten haben weniger Einfluß in den Wachsthum des Gehölzes, ausgenommen, in wie fern sie sich der Mittags- oder Mitternachtseite mehr oder weniger nähern, oder in wie fern ihnen der warme feuchte Westwind, oder der trockene kalte Ostwind nüzlich oder schädlich ist.

§. 401. Eine hohe ebene und dabei unbeschüzte Lage ist allemal kälter als eine niedrige, und eine beschüzte in eben der Höhe gemäsigter; daher gedeihen dort die Hölzer am besten, welche eine kältere reinere Luft nöthig haben. Niedrige Ebenen haben eben so wieder ihre Holzarten, die nur auf ihnen am besten gedeihen: sind sie von Norden her beschüzt, so sind sie wärmer, von Süden her kälter u. s. w. Alle diese Umstände sind bei der Holzzucht wohl zu erwägen. Daher entsteht wieder eine Regel, die nicht aus der Acht gelassen werden darf, nämlich: **Daß man bei Anpflanzung der Holzarten die Lage der Oerter mit zu Rath ziehen müsse.**

§. 402. Der würkliche Holzbestand der Waldungen ist ein sehr merkwürdiger Umstand bei der Holzzucht, der auf ihre Einrichtung einen sehr grosen Einfluß hat. Hier muß der Forstwirth untersuchen:

1) Ob der würkliche Holzbestand groß genug sei, um, fürs Gegenwärtige und auf die Zukunft, jährlich so viel Ertrag abzugeben, als der gröste Absaz, der nach der Verfassung der Gegend und der Umstände möglich ist, erfordert; auch dann, wann man die Besaamung und Fortpflanzung der Natur allein überließe?

§. 403. Oder 2) ob der Holzbestand der Reviere, ohne künstlichen Anbau, bei höchst möglichem Abſaz früher oder ſpäter ausgehen, und der Forſt verödet werden könne?

3) Ob man vielleicht an einer oder mehrern Holzarten zwar hinlänglichen Ueberfluß für jezt und die Zukunft habe? ob aber nicht zugleich an nüzlichen Hölzern Mangel ſei, wodurch der jährliche Holzvorrath manchfaltiger, und der Holzhandel einträglicher gemacht werden könne?

§. 404. Endlich 4) ob nicht vielleicht würklich ſchon der Wald verödet, und durch dieſen traurigen Zuſtand der Forſtertrag und der Abſaz geringer worden ſei? Dieſe vier Fragen muß ſich der Forſtwirth ebenfalls richtig beantworten, und dann nach folgendem Heiſcheſaz zu Werk gehen: **Man muß den höchſtmöglichen Abſaz mit dem gegenwärtigen Holzbeſtand für jezt und auf die Zukunft vergleichen, und wenn der Holzbeſtand ein geringeres Verhältniß hat, ſo muß man ihn durch die künſtliche Holzzucht ſo lang vermanchfaltigen und vergröſern, biß er jenem Abſaz auf immer Genüge leiſten kann.**

§. 405. Der Abſaz oder Verkauf der Forſtprodukte iſt der unmittelbare Weg, zum Zweck der Forſtnuzung zu gelangen: folglich ist er das vornehmste und wesentlichste Mittel, den Forstwirth zu seinen Geschäften zu bestimmen, und seine Haudlungen zu leiten. Je gröser dieser Absaz ist, desto gröser ist der Nuzen der Forstwirthschaft; daher muß sich in diesem Fall der Forstwirth wie ein kluger Kaufmann betragen, der durch die Menge, Güte und Manchfaltigkeit seiner Waaren, durch einen billigen Preiß und promte Bedienung seinen Absaz vergrösert.

§. 406. Findet er also, daß es ihm an der Menge des Holzes fehlt, so muß er sich unter den vielfältigen Holzgeschlechtern solche aussuchen, die dem gehörigen Zweck, wozu sie der Käufer gebrauchen will, entsprechen, und welche zugleich am geschwindesten wachsen; diese muß er säen, pflanzen und erziehen. Wenn er auch die Benuzung seiner Pflanzen nicht erleben würde, so haben sie doch seine Nachfolger und die Nachwelt zu gewarten.

§. 407. Gut nennt man eine Waare, wenn sie ein vollkommenes Befriedigungsmittel desjenigen Bedürfnisses ist, zu welchem man sie bestimmt. Gute Hölzer sind also diejenigen, welche vollkommen zu dem Zweck dienen, wozu sie der Käufer bestimmt. Da nun der Forstwirth diesen Zweck nothwendig

kennt,

kennt, und kennen muß, auch eben so seinen Holzbestand genau weiß, so findet er leicht, ob er Holzarten habe, die zu dem Zweck gut sind, zu welchem sie begehrt werden. Fehlt es ihm in diesem Fall, so muß er wieder die Hölzer ansäen und erziehen, die ihm mangeln; damit entweder er, oder doch seine Nachfolger, jeden Käufer gehörig bedienen könne.

§. 408. Ein rechtschaffener Staatswirth sorgt für die Mauchfaltigkeit guter Mannfakturen: bei diesen aber ist der Holzgebrauch sehr vielfältig; daher muß auch der Forstwirth sorgen, daß er alle die Hölzer, so viel es die Umstände erlauben, in seinen Forsten besitze, die bei allen Manufakturen in seiner Gegend gebraucht werden können; fehlt es ihm nun an solchen Holzarten, so muß er sie unverzüglich anpflanzen.

§. 409. Alle diese Betrachtungen mit den übrigen Umständen zusammen genommen, zeigen nun dem forstverständigen Bedienten den sichern Weg, wie er sich bei der Anpflanzung des Gehölzes zu verhalten habe. Er findet nun abermal einen Heischesaz, der ihn leiten muß: der Forstwirth soll nämlich den höchstmöglichen Absaz aller Holzwaaren in seiner Gegend kennen; und eben so muß er den würklichen Holzbestand seiner Forsten, nach der **Menge, Güte** und **Manchfaltigkeit** seiner Hölzer wissen; und wo er findet, daß etwas fehlt, da muß er durch Anpflanzen den Mangel ersezen.

§. 410. Forstgerechtigkeiten, Servituten, und noch andere Umstände hindern den Forstwirth sehr oft, seine Pflicht gewissenhaft zu erfüllen: weil aber in solchen Fällen allemal jemand ist, der ein *erworbenes Recht* hat, an dessen Besiz ihm gelegen ist, so hält es schwer, einen solchen Umstand zu heben; daher muß der Forstwirth alle solche erworbene Rechte eines Fremden wohl kennen lernen, damit er genau wisse, wie weit sich eines jeden Recht erstreckt, und dann verhüten, daß kein Mißbrauch entstehe.

§. 411. Kann er aber durch Wege der Güte und der Billigkeit solche schädliche Servituten und erworbene Rechte durch ein Aequivalent oder durch eine rechtmäsige Gewalt des Gesezgebers aufheben, so ist er dazu verbunden, und er soll unverzüglich in diesem Stück, so viel an ihm ist, würksam seyn; daher entsteht wieder ein Heischesaz: **Sollten etwa fremde erworbene Rechte dem Forstwirth in der Erziehung seiner Forstprodukte hinderlich seyn; so muß** er die Hindernisse, so weit es die Gerechtigkeit erlaubt, zu heben suchen; im übrigen aber das Schädliche jener Rechte so unschädlich machen, als es möglich ist.

§. 412. Wenn der Forstwirth alle bißher geschlossene Heischesäze wohl erwägt, so kann es nicht fehlen, er muß sich jedesmal, wenn von der Ansäung oder Anpflanzung dieses oder jenes Orts oder Reviers, dieser oder jener Holzart, unter diesen oder jenen Umständen die Rede ist, genau und sicher entschliessen können, was zum Zweck der besten Forstwirthschaft zu thun und zu lassen sei.

§. 413. Der Schöpfer hat jedem Holzgeschlecht das Vermögen gegeben, sich fortzupflanzen: das ist, die Natur besäet die Wälder von selbst, ohne Zuthun der Menschen. Allein diese Besaamung hat gar keinen Bezug auf den Zweck der Forstwirthschaft: dieser hängt vom Willen des Menschen ab, jener aber von der Ordnung der Natur; folglich muß der Forstwirth sehr oft durch die Kunst der Natur zu Hilfe kommen, wenn er seinen Zweck erreichen will.

§. 414 Diese Hilfe der Kunst besteht darin; wenn der Forstwirth die Hölzer, welche er braucht, und die ihm die Natur entweder gar nicht, oder nicht in genugsamer Menge, an­zieht, an den gehörigen Oertern naturgemäß säet, pflanzt und erzieht.

§. 415. Diese Erziehung der Hölzarten ist aber verschieden: Wenn ein Forstmann gewisse Hölzer, die sehr nöthig und nüzlich sind, in seinen Forstrevieren gar nicht hat, oder ihre Anzahl viel zu gering ist; wenn zugleich diese Pflanzen ausländisch, oder im freien Wald vielen Gefahren unterworfen sind; oder wenn ihre anfängliche Erziehung eine sorgfältige Aufmerksamkeit erfordert, so pflegt man sie in der Baumschule zu säen und zu erziehen, auch hernach in die Wälder zu verpflanzen; daher entsteht die Lehre von der **Baumschule**.

§. 416. Hat man aber verödete Wälder, verangerte Reviere, unbeholzte Heiden, oder lichte Oerter und Blösen, die man mit einem Gehölze in Bestand sezen will, das auf dem Boden und unter dem Himmelsstrich wohl ge­deiht, übrigens auch durch die sich selbst über­lassene Natur nach der künstlichen Besaamung zweckmäsig erzogen werden kann, so ist die Baumschule unnöthig, und man verfährt als­dann nach der Lehre von der **Waldsaat**.

1. Von der Baumschule.

§. 417. Daß es Fälle giebt, in welchen dem Forstwirth die Baumschule nüzlich ist, läßt sich nicht bezweifeln. Diese Fälle sind §. 415. allgemein bestimmt worden; allein verschiedene Umstände machen sie seltener, und eingeschränkter vortheilhaft, als sich mancher Schriftsteller einbildet, der sich mit der praktischen Ausführung nicht bekannt gemacht hat. Ich will einige Anmerkungen darüber machen.

§. 418. Zu der Baumschule erwählt man ein Land, einen Boden, der nicht der schlimmste, sondern gut ist; dieser Plaz wird gereinigt, durch Pflügen und Egen aufgelockert, wo nicht gar auf eine oder die andere Weise gedüngt. Das alles ist auch nöthig, wenn man wuchsige und schöne junge Pflanzen darauf erhalten will. Man säet den Saamen auf einen solchen Ort hin, bedient und erzieht die junge Pflanzen mit aller Sorgfalt.

§. 419. In der Schule findet also der Baum überflüssige Nahrung: seine Saftgänge werden weit, er wächst schnell, die Wurzeln breiten sich ohne Widerstand aus; mit einem Wort: würde er hier stehen bleiben, so könnte er eheuder und leichter seine Vollkommenheit erreichen. In seinem besten Wuchs wird er aber in einen wilden, öden, schlechtern, und seiner Natur fremden Boden verpflanzt: hier findet er wenigere, magere und fremde Nahrung; es gehet ihm also auf eine ähnliche Weise wie einem Stück Vieh, das von einer fetten Weide auf eine magere kommt.

§. 420. Es giebt auch viele Holzpflanzen, die in Ansehung des Bodens und der Lage zärtlich sind, so, daß sie gerade den Boden und die Lage erfordern, wenn sie gedeihen sollen. Nun kann man aber schwerlich so mancherlei Baumschulen haben, als es der verschiedene Boden und die mancherlei Lagen erfordern: solche Hölzer, die also in einem widernatürlichen Grund und Gegend vom ersten Keim an gebildet werden, erlangen niemals ihre gehörige Vollkommenheit, auch dann nicht, wann sie in ihren natürlichen Stand verpflanzt werden.

§. 421. Die Menge derer auch in den grösten Baumschulen angezogenen Stämme ist noch immer viel zu klein, nur mittelmäsige Forsten und Reviere damit in Bestand zu setzen und zu erhalten, geschweige grose Distrikte; und würde man auch die Baumschulen zu dem Zweck groß genug machen, so würden

1. Von der Baumschule.

die Unkosten mit ihren jährlichen Intressen den Nuzen des späten Forstertrags vielleicht weit übersteigen.

§. 422. Wir können nun die Fälle noch näher bestimmen, in welchen die Baumschule Statt findet: Wenn in einem Distrikt wichtige und sehr nuzbare Holzarten fehlen, daß sie entweder gar nicht oder sehr sparsam vorräthig sind, zugleich aber auch kein Ort oder Revier da ist, das gehörig befriedigt werden kann, so muß man etliche tausend und mehrere Stämme in einer wohlverwahrten Baumschule so groß erziehen, daß ihnen kein Thier mehr schaden kann, und sie alsdann an den gehörigen Ort verpflanzen.

§. 423. Oder, wenn man kostbare fremde Saamen verschreibt, die man dem freien Wald nicht anvertrauen darf, so erzieht man sie ebenfalls in der Baumschule; besonders auch, weil solche unsers Himmelsstrichs gar nicht gewohnte Hölzer sorgfältig gewartet und gepflegt werden müssen, damit man so viele Stämme erhalten möge, als man durch die Saamen bekommen hat, und keiner verlohren gehe.

§. 424. Wenn auch diese in der Baumschule erzogene Bäume hernach nicht zu ihrer größten Vollkommenheit kommen sollten, so bringen sie doch mit der Zeit ihren Saamen, vermög welchem sie dann entweder durch die natürliche oder durch die Waldsaat häufig genug fortgepflanzt werden können, besonders da diese Saamen nun einmal naturalisirt sind, folglich auch besser anschlagen müssen.

§. 425. Im Fall nun, daß sich ein Forstwirth gemüsigt findet, eine Baumschule anzulegen, so muß er sich einen bequemen Ort dazu bestimmen. Ein tiefgründiger, weder zu feuchter noch zu trockener, gemäsigter gemischter Boden, von etlichen Morgen, je nachdem es die Umstände erheischen, ist zu diesem Zweck am geschicktesten; soll er auf immer zur Baumschule gebraucht werden, so lohnt's der Mühe, daß man ihn auf englische Art mit einem Graben und Hecke befriedige. Dient er aber nur auf eine oder zwo Aussaaten, oder nur auf 20 bis 30 Jahre, so ist's genug, wenn man ihn mit dauerhaften Pfählen dicht und hoch verzäunt.

§. 426. Wenn der Plaz etwa mit Gesträuch bewachsen wäre, so muß er durch Hacken und Roben ganz davon gereinigt werden; dies geschieht, wenn man ihn im Herbst biß auf $1\frac{1}{2}$ Schuh tief reolt, und die grösern Steine, Sträuchern und Wurzeln fleissig ausliest und wegwirft. Sollte er auch nicht mit Sträuhern bewachsen seyn, so ist das Reolen doch sehr nüzlich. Das folgende Frühjahr läßt man die Schaafe darauf pferchen; oder, wenn man das nicht kann, so überdüngt man ihn dünne; kann man das auch nicht, so überstreut man ihn ein Jahr vorher, ehe man ihn säet, oder wenn man ihn reolt, mit Kalk.

§. 427. Darauf pflügt und egt man ihn, und läßt ihn nun biß in den August oder Anfang Septembers liegen; alsdann pflügt und egt man ihn wieder, und schreitet darauf zur Saat. Dieß ist die allgemeine Behandlung einer Baumschule, so wie man sie durchgehends zu allerlei Arten der Gehölze vorzubereiten pflegt.

§. 428. Die Natur säet durchgehends ihre Saamen aus, so bald sie reif sind und abfallen oder verfliegen. Ich halte dafür, daß ihr der Forstwirth, gewisse besondere Fälle ausgenommen, darin nachahmen müsse. Da nun die Reife der Saamen mehrentheils in den Herbst fällt, so muß auch der Forstwirth die mehreste Saamen im Herbst säen. Früchte aber, die den Winter über an den Bäumen hangen bleiben, und die erst gegen das Frühjahr abfallen, werden auch im Frühjahr am nüzlichsten gesäet.

§. 429. Anders aber muß man sich mit Saamen verhalten, die aus einem mildern und wärmern Klima zu uns gebracht werden. Würde man diese im Herbst aussäen, so könnten die zarten Keime im Winter erfrieren; daher thut man wohl, wenn man sie im Frühling säet; sie erhärten dann schon im Sommer, und können den folgenden Winter besser aushalten. Da man solche kostbare Saamen nicht in groser Menge kommen läßt, so kann man sie im Winter bedecken, wenn man noch die Erfrierung des jungen Aufschlags befürchtet.

§. 430. Es ist bekannt, daß man auch wohl junge Pflänzgen kostbarer und zärtlicher Hölzer in Scherben oder Kübeln erzieht, um, wenn sie noch zart und jung sind, sie in der Winterkälte an einen warmen Ort bringen zu können. Der Herr Regierungsrath *Medicus* in *Mannheim* hat aber bei den Versuchen über das Ausbauern fremder Hölzer in unserm Klima gefunden, daß diese Methode der Erziehung öfters die wahre Ursache des gänzlichen Verderbens der Bäume gewesen ist.

§. 431. Die Ursache, warum die jungen Bäume, welche in Kübeln erzogen werden, nach ihrer Verpflanzung ins Freie, so

1. Von der Baumschule.

leicht verderben, besteht in folgenden Hauptstücken:

1) Die Wurzel ist in den engen Raum des Gefässes eingeschränkt; wenn daher ihre Triebe überall an den Boden und an die Wände anstossen, so können sie nicht weiter wachsen, krümmen sich, und wachsen wieder ruckwärts.

2) Dadurch verwachsen nun die Wurzelzweige häufig in einander zu einem wilden Gewirr: sie begegnen sich oft untereinander, liegen auf einander, drücken sich, und machen Pläcke, die leicht anfaulen; und wenn nun der Baum gröser wird, so nimmt die Wurzel nicht Raum genug ein, um so vielen Nahrungssaft einzusaugen, als der gröser gewordene Baum erfordert.

3) Weil die Wurzel in ihrem Verlängern und Fortsezen gehindert worden, so geht der Wachsthumstrieb seitwärts, und treibt viele Wasserwurzeln, die keinen Saft einsaugen, wohl aber die Wurzel desselben berauben, und sie, wie bekannt ist, verderben.

§. 432. Daraus ist klar, daß der Forstwirth allemal besser handelt, wenn er die Saamen alsofort in die Baumschule säet, und dort die jungen Pflänzgen erzieht. Gesezt aber, sie wären die ersten Jahre allzuempfindlich gegen unsere Winter, so stünde zu versuchen, ob man sie nicht durch Bedeckung oder durch Befriedigung ihres Standes mit hohen Wänden, die den kalten Wind abhalten, schüzen könnte? Sind sie hernach erwachsen, und tragen Saamen, so kann man hoffen, daß die daraus erzogene Bäume naturalisirt sind.

§. 433. Bei unsern einheimischen Holzarten hat man diese Vorsicht nicht nöthig: man säet sie zu gehöriger Zeit, weil man, wenn der Frost nicht ausserordentlich heftig wird, nichts davon zu befürchten hat. Wie man die Saamen bekommen und aufbehalten müsse, das soll unten bei der Waldsaat hinlänglich gelehrt werden; hier geb ich nur Unterricht, was man bei der Baumschule zu beobachten hat.

§. 434. Die Saamen sind entweder groß, so, daß man sie einzeln stecken kann, oder sie sind so klein, daß man sie säen muß. Im ersten Fall kann man in der Baumschule Riesen ziehen, etwa $1\frac{1}{2}$ Schuh weit von einander; in diese Riesen legt oder steckt man den Saamen so tief in die Erde, als es ihre Natur erfordert, einen Schuh weit von einander. Diejenigen Oerter, wo der Kern nicht aufge-

1. Von der Baumschule.

gangen ist, besteckt man das folgende Jahr; was abermal ausbleibt, das dritte Jahr; alsdann werden alle Stellen besezt seyn.

§. 435. Es ist aber eine praktische Beobachtung, daß die junge Holzpflänzgen mehrentheils gern etwas schattigt und feucht stehen, und daß ihnen die Sonne leicht wehthut; ferner, daß ihnen das Kraut und Unkraut den Nahrungssaft entziehe. Daher halten viele Forstverständige für nüzlich, Getreide zwischen die Holzsaamen zu säen; zu dem Ende säet man am füglichsten Roggen auf das gepflügte und geegte Land, und steckt alsdann die Saamen. Es ist aber einerlei, was man säet, wenn man nur eine Frucht erwählt, die den Boden nicht aussaugt, und den folgenden Sommer Schatten und Feuchtigkeit giebt.

§. 436. Die junge Holzpflänzgen wachsen unter dem Schuz dieser Saat kühn und schnell hervor; nun muß man sich aber hüten, daß man hernach in der Erndte die Frucht nicht abmähe, damit man den Aufschlag nicht verleze; sondern man schneidet sie mit Sicheln hoch über dem jungen Gehölze ab. Bei dieser Methode hat der Forstwirth noch den Nuzen, daß ihm die Frucht, wenn sie einigermasen wohl geräth, die Unkosten der Baumschule vergütet, damit sie seinen Forstertrag nicht schwäche.

§. 437. Die Holzpflanzen erhalten zwar im zweiten Jahr mehrere Stärke, dem ohngeachtet aber erschweret ihnen das Unkraut noch immer den Wachsthum; daher muß man alle Jahr ein paarmal fälgen oder jäten, sich aber dabei sorgfältig hüten, daß man keine Holzpflanze verleze; oder, wenn man das Unkraut nahe bei dem Holz ausrupft, nicht zugleich ein Holzpflänzgen mit ausreisse oder auflockere.

§. 438. So wie das Gehölz vom zweiten und dritten Jahr an in die Höhe wächst, so muß man dafür sorgen, daß man gerade und hochschüssige Stämme erziehe. Dies geschieht durch sorgfältiges und forstgerechtes Ausschneideln der jungen Bäume. Hier verfährt man folgendergestalt: alle Seitenzweige, welche von der Wurzel an biß an die Krone hervortreiben, müssen abgeschnitten werden; hingegen oben, wo sich der Stamm in die Krone zertheilt, da muß das Messer wegbleiben.

§. 439. Je stärker ein Seitenzweig wird, ehe man ihn abschneidet, je schwerer überwindet die Natur die Wunde; und im Gegentheil: daher muß man die hervor getriebene Knospen behutsam wegnehmen. Sollte aber

1. Von der Baumschule.

aus Versehen ein Zweig schon ziemlich stark geworden seyn, so schneidet man ihn nicht zu nah am Stamm ab, damit die Wunde nicht ins Holz hineinfaule; auch führt man den Schnitt von unten auf schlef in die Höhe vom Baum ab, damit keine Feuchtigkeit auf der abgeschnittenen Fläche stehen bleibe, und die Wunde einfaule.

§. 440. Ich habe §. 438 am Schluß gesagt, daß das Messer von der Krone wegbleiben müsse; das ist: man soll dort keine Aeste abschneiden. Wenn aber auch diese zu viele und häufige Seitenzweige trieben, so kann man sie auch ausschneideln; dies geschieht nach eben der Methode, die ich bei den Stämmen angegeben habe. Auf diese Art bedient man die Baumschule mit Jäten, Fälgen und Ausschneideln, bis die Bäume so hoch gewachsen sind, daß kein Thier ihre Krone erreichen kann, und alsdann sind sie fähig, versezt zu werden.

§. 441. Kleine Saamen können nicht gesteckt werden, daher muß man sie säen. Nun ist aber erforderlich, daß die jungen Bäume so weit von einander stehen, damit keiner den andern im Wachsthum hindere; deswegen pfleget man etwa sechs Theile Getreidkörner und einen Theil Holzsaamen unter einander zu mischen, und dies Gemische auszusäen; andere ziehen Riefen, einen biß 1½ Schuh von einander, und säen nur bloß den Saamen dünne in diese Riefen; wieder andere sondern sich ein apartes Stück zur Saamenschule aus, in diese säen sie den Holzsaamen vermischt oder unvermischt, oder in Riefen; nach 2, 3 bis 4 Jahren ziehen sie die jungen Pflänzgen aus, und versezen sie in gehöriger Weite in die Baumschule.

§. 442. Die Saamenschule ist freilich am sichersten und ordentlichsten, wenn die junge Pflänzgen das Versezen wohl vertragen können; und doch vermuthe ich, daß es sie um ein Jahr im Wachsthum zurückseze. Bei kostbaren und seltenen Hölzern mag es der Mühe werth seyn, sie in der Saamenschule anzusäen, denn man hat selten des Saamens viel; will man aber in einer grosen Baumschule eine Menge Holz erziehen, so ist es viel zu mühsam, sich erst der Saamenschule zu bedienen.

§. 443. Daher rathe ich in diesem Fall, daß man das Säen in Riefen erwähle, den Saamen mit 6 Theilen Sand vermische, und ihn dann dünn außstreue. Man kann vorher oder hernach das Stück mit Frucht besäen, wenn man es dem jungen Holz zuträglich findet; hat man nach ein paar Jahren leere

Pläze,

Pläze, so findet man dagegen auch andere, wo die Pflanzen zu dick stehen; an diesen Orten zieht man nun den Ueberfluß aus, und verpflanzt ihn dahin, wo etwas fehlt. Uebrigens verhält man sich mit Fälgen und Jäten, wie oben gelehrt worden.

§. 444. Verschiedene Arten des Nabelholzes, besonders, die Geschlechter der Tannen (Pini), vertragen das Ausschneideln nicht; es ist aber auch nicht nöthig, weil sie sich selber reinigen, indem die untern Zweige immer abdörren und abfallen.

§. 445. Das Verpflanzen der jungen Bäume aus der Baumschule in den Wald, oder von einem Ort an den andern, hat bei den verschiedenen Holzgeschlechtern, zuweilen auch seine verschiedene Handgriffe, je nachdem es die Natur der Bäume erfordert. Wann es geschehen müsse, das ist in der Forstbotanik gemeldet worden. Die mehresten Hölzer lassen sich ohne viele Mühe versezen, aber bei einigen erforderts Umstände.

§ 446. Die Tannenarten (Pini), wozu auch bekanntlich der Lerchenbaum gehört, lassen sich wohl verpflanzen, und sogar verschicken, wenns nur nicht zu weit ist und man sie in ihren naturgemäsen Boden bringt. Bei diesen sowohl, als bei mehrern zu versezenden

Bäumen, ist es sehr nüzlich und nöthig, daß man die Wurzeln, sobald sie ausgegraben sind, mit feuchtem Moos häufig bewickle, und, wenn sie versandt werden sollen, dasselbe zuweilen anfeuchte, damit es nie trocken werde.

§. 447. Die Ursache dieses Verfahrens beruht auf folgenden Gründen: die Wurzel ist über und über voller einsaugender Löcher und Gefäßgen; sobald sie nun an die freie Luft kommt und keinen Saft mehr einzusaugen hat, so schrumpfen jene Löcher und Gefässe zu, die Wurzel mit ihrer Rinde vertrocknet, und in diesem Zustand wächst der Baum nicht mehr an, denn die einsaugende Gefässe sind verschlossen; belegt man sie nun mit feuchtem Moos, so kann die Wurzel am Einsaugen bleiben, und ihre Löchgen halten sich offen. Bei einigen Pflanzen aber trocknen und schrumpfen die Wurzeln so stark und so geschwind, daß auch dies Mittel nicht hilft; und diese sind schwer zu verpflanzen.

§. 448. Zu dieser lezten Gattung gehört auch der Wacholder. Wenn man ihn in der Baumschule erzogen hat, oder ihn sonst verpflanzen will, so muß es mit vieler Vorsicht geschehen, weil er nicht gern wieder anwächst. Ich will daher lieber anrathen, ihn durch die Waldsaat anzubauen; wollte und müßte man

1. Von der Baumschule.

ihn aber verpflanzen, so geschiehet es am besten auf nachstehende Weise.

§. 449. Man sticht in einiger Entfernung vom Stamm, damit man die Wurzel nicht verleze, mit einem Grabscheid rundum einen Theil Erde heraus, hebt ihn mit dieser Erde in einen geflochtenen Korb, deren man so viel haben muß, als es die Umstände erfordern, auf den Boden desselben legt man vorerst eine dicke Lage feuchten Mooses, und darauf stellt man das Bäumgen mit seiner Erde, so aber, damit diese Erde so viel möglich zusammengehalten werde und nicht zerrütte; so bringt man es an den Ort, wohin es gepflanzt werden soll, und sezt es daselbst in ein Loch, welches groß genug ist, die Wurzel mit ihrer Erde zu fassen. Auf solche Weise wird die Pflanze anschlagen und gehörig wachsen.

§. 450. Diese Methode läßt sich überall anwenden, wo man Bäume hat, die sich sehr schwer verpflanzen lassen; da aber sehr viele Mühe damit verbunden ist, so muß man diesen Umstand mit zu Rath ziehen, wenn man ein Holzgeschlecht in der Baumschule erziehen will.

§. 451. Unter den Laubhölzern sind die Eichen und Rothbuchen bei uns die wichtigsten und zugleich die zärtlichsten im Verpflanzen:

die Regeln, welche ich also hier geben werde, hat man wieder bei andern Holzarten mehr oder weniger zu befolgen, in so fern sie sich nicht gut versezen lassen. Doch weis ich keine bei uns bekannte Holzart, bei welcher so viele Sorgfalt nöthig wäre; fast allen andern ist genug, wenn man sie nur zu gehöriger Zeit und in ihren natürlichen Boden ordentlich in ihre Löcher verpflanzt.

§. 452. Verständige und erfahrne Forstwirthe haben vielfältig angemerkt, daß die verpflanzte Eichen und Buchen niemals die Vollkommenheit anderer Bäume ihrer Art erreichen, die nie versezt worden sind. Diese Bemerkung sezt den Werth der Eichelkämpe sehr herunter. Wo man also Eichen pflanzen will, da thue mans vermittelst der Waldsaat, ausgenommen, wo man gar keine hat, und man daher jedes einzelne Stämmgen genau bewahren muß. Diese in der Baumschule erzogene Eichen werden aber auch nur als Saameichen betrachtet, um durch sie die Waldsaat hernach veranstalten zu können.

§. 453. Wenn die Eichen- und Buchenstämme 12 biß 15 Jahre in der Baumschule gestanden haben, und nun so groß geworden sind, daß ihnen das Vieh und Wildpret nichts mehr thun kann, so muß man sie an ihren ge-

1. Von der Baumschule.

hörigen Ort in die Wälder verpflanzen. Dies geschieht entweder auf verangerte Stellen, oder auf Blösen und lichte Oerter.

§. 454. Man muß aber daselbst wohl untersuchen, ob der Boden tiefgründig genug sei, und ob er die gehörigen Erbarten habe? Wo man mehr als einen Baum hinsezen will, da muß man wohl zusehen, daß eine jede Eiche oder Buche, rund um sich her, auf 20 Fuß weit von keinem Oberbaum gehindert werde; und eben so weit müssen auch die Bäume unter sich von einander stehen. Alles dieses gilt von allen hohen Waldbäumen, von welchem Geschlecht sie auch seyn mögen.

§. 455. Das Versezen der Eichen und Buchen geschieht am füglichsten im Frühjahr; den Herbst vorher gräbt man die Löcher dazu etwa 3 Fuß tief, und 4 Fuß im Durchschnitt weit; die obere gute Erde wirft man auf eine Seite, auf einen Haufen allein, auf die andere Seite aber wirft man die untere rohe Erde auch auf einen Hanfen; solchergestalt durchwürkt die Winterwitterung die Löcher mit ihren Erben, so, daß sie fruchtbar werden, und also desto besser den Wachsthum der Bäume befördern.

§. 456. Wenn man nun im folgenden Frühjahr das Verpflanzen selber vornehmen will, so muß man alle Bäume, die man ausheben will, an der Mitternachtseite mit Röthel zeichnen, damit man sie auch so wieder nach den Weltgegenden sezen könne, wie sie in der Baumschule gestanden haben. Denn da die Saftröhren an der Mittagsseite öfters weiter sind, als an der Mitternachtseite, so würde es eine beträchtliche Unordnung im Wachsthum geben, wenn man dieses nicht beobachtete. Dieser Haubgrif darf bei Versezung aller Arten der Holzpflanzen nicht vergessen werden.

§. 457. Das Ausheben der Bäume geschieht auf folgende Weise: man wendet allen Fleiß an, daß keine Wurzel verlezt werde; und sollte es geschehen, so muß man das Verlezte biß ins gesunde Holz abschneiten, damit keine Fäulung entstehe; etwas Zerquetschtes oder Zerrissenes fault allezeit, dahingegen das Abgeschnittene nicht so leicht.

§. 458. Wenn also der Baum vorsichtig mit seiner ganzen Wurzel ausgehoben worden, so schreitet man zum Verpflanzen: auf den Grund des oben beschriebenen im Herbst gemachten Lochs bringt man eine Lage Rasen, die man am füglichsten mit dem Grasende unterwärts kehrt, darauf wirft man gute Erde hinein, biß das Loch auf einen halben Schuh nahe voll ist, nun macht man in der Mitte der

1. Von der Baumschule.

Grube ein bequemes Loch für die Pfahlwurzel, sezt sie gehörig hinein, die Seitenwurzeln aber spreitet man ordentlich über die gute Erde aus. Hölzer, welche keine Pfahlwurzel haben, bedürfen des Lochs in der Mitte nicht, sondern nur einer Grube für die Herzwurzel.

§. 459. Darauf nimmt man noch so viel guter schwarzer Walderbe, als nöthig ist, um alle Wurzeln wohl zu bedecken, dann wirft man auch die rohe Erde auf der andern Seite der Grube ordentlich eben und gleich um den Baum, so, daß ein Hügel entsteht; diesen belegt man endlich mit Rasen, an welchen man wieder die Grasseite unten kehrt. Ueberhaupt aber muß man nie die Erde um den Baum antreten oder fest stampfen, weil man dadurch das Anziehen der gehörigen Feuchtigkeit erschweret; auch darf man nicht mehr Stämme aus der Pflanzschule ausheben, als man noch denselben Tag sezen kann.

§. 460. Biß daher habe ich nun die Heischesäze der Baumschule, ihrer Vorbereitung, des Säens der Holzsaamen, der Wartung und Pflege der jungen Bäume und ihrer Verpflanzung, solchergestalt gelehret, wie man sie bei den vornehmsten Hölzern anzuwenden pfleget: wird man sie bei denen Holzarten, die der Baumschule bedürfen, befolgen, so hoffe ich, wird man wohl dabei fahren; sollte man aber solche Pflanzen in der Baumschule erziehen wollen, die weniger Mühe, sowohl im Aufziehen als Verpflanzen, oder eine geringe Abweichung von diesen Regeln erfordern, so darf man nur ihren Karakter in der Forstbotanik aufsuchen, und nach demselben seine Maasregeln nehmen.

§. 461. Auch das Fortpflanzen und Vermehren durch Schnittlinge, Ableger u. s. w. gehört eigentlich zur Baumschule, aber zur Baumschule des Gärtners; wenn sich der Forstwirth damit abgeben wollte, Ableger zu machen, es sei denn um nüzlicher Versuche willen; so würde er bald finden, daß sein Unternehmen eitel wäre; blos in dem Fall, wenn er gern einen Baum zum Saamen erziehen will, und ihn nicht anders als durch einen Ableger bekommen könnte, würde er sich dieses Mittels bedienen müssen.

2. Von der Waldsaat.

§. 462. Blos in dem seltenen Fall, wo die Forsten sehr weitläuftig sind, das Gehölz häufig und manchfaltig ist, und der Absaz nicht so groß werden kann, als der Vorrath ist, den jährlich die sich selbst überlassene Natur hervorbringt, ist keine künstliche Erziehung nöthig. In allen übrigen Fällen aber ist es des Forstwirths höchste Pflicht, den jährlichen Abgang nicht nur zu ersezen, sondern auch alle seine Wälder in vollkommenen Bestand zu bringen, so viel der höchstmögliche Absaz nur erheischen mag. Dies alles vollführt er, die einzelnen Fälle der Baumschule ausgenommen, durch die Waldsaat.

§. 463. Die Waldsaat ist die Beschäftigung des Forstwirths, wodurch er da, wo die Natur zu sparsam säet, oder wo ihm die nüzlichen Hölzer fehlen, oder wo verödete und verangerte Oerter, Reviere und Distrikte sind, oder endlich an ausgelichteten Oertern, Blösen und Gehauen, durch unmittelbares Säen des zweckgemäsen Holzsaamens, oder Verpflanzung solcher aus dem Distrikte genommenen wilder Stämme, alles forstgerecht in Bestand sezt.

Die Holzzucht.

§. 464. Aus dieser Erklärung erhellet, daß ein rechtschaffener Forstmann, seltene Fälle ausgenommen, schwerlich ein Jahr haben wird, in welchem er nicht eine oder mehrere Holzarten in gröserer oder geringerer Menge anzusäen haben wird. Durchgehends hat Deutschland Holzmangel, und durchgehends sind die Forsten so groß nicht, daß man der Natur die Fortpflanzung allein überlassen dürfte; jährlich wird viel Holz weggehauen, jährlich muß also auch angesäet werden, wenn nicht endlich das Verderben einreissen soll. Ein vernünftiger Forstwirth thut daher wohl, wenn er so viel anpflanzt, als der Raum fassen kann.

§. 465. Wenn der Forstwirth säen soll, so muß er Saamen haben; diesen sammelt er zur Zeit der Reise in den Wäldern, oder, wenn er ihn selber nicht hat, so muß er ihn anderwärts her bekommen. Für die Saamen, welche sich aufbehalten lassen, muß er bequeme Zimmer und Behälter haben, wo sie luftig erhalten, und vor den Mäusen und dem Ungeziefer bewahret werden; die sich aber nicht aufbehalten lassen, muß er alsofort säen. Die Zeit der Reise, und ob sie sich halten oder nicht? das lehret die Forstbotanik.

§. 466. Die Tannenarten haben harte, holzigte, schuppigte Zapfen, unter jeder Schup-

2. Von der Waldsaat.

pe liegen Saamkörner; diese muß der Forstwirth ausmachen oder **ausklengen**; das erfordert aber Handgriffe. Er hat also zwei Stücke zu bobachten: 1) Das **Einsammeln**; hier muß er bei jedem Geschlecht die eigentliche Zeit wissen, in welcher die Zapfen mit ihren Saamen reif werden, damit er sie nicht zu früh abbreche, oder sie sammle, wenn die Saamen schon ausgeflogen sind; 2) muß er bei jeder Art **das Ausklengen** verstehen, damit er mit der geringsten Mühe und Kosten alle Saamkörner unverdorben bekomme.

§. 467. Bei der Weißtanne fällt die Zeit der Reife gemeiniglich in den Dezember, zuweilen kommt sie auch wohl etwas früher. Wenn man wahrnimmt, daß sich vorn an der Spize der Zapfen die Schuppen etwas von einander geben, so sind sie reif; man bricht sie ab, und behält sie an einem lüftigen warmen Ort, biß man sie gehörig ausklengen kann. Man muß sehr aufmerksam und fleissig bei dem Weißtannensaamen seyn, weil diese Bäume vor dem 40sten Jahr ihres Alters sehr wenig oder wohl gar nicht tragen, und nach dieser Zeit geräth noch darzu der Saame selten, so, daß er also sehr theuer ist.

§. 468. Auch bei der Fichte, der Kiefer und der Lerche pflegt der Saamen um eben die Zeit, nämlich im Dezember, reif zu werden. Die Fichte hat die Eigenschaft, daß sie leicht taube Zapfen trägt, wenn man an ihr hat Harz reissen lassen; derowegen muß man an solchen Stämmen keine Zapfen brechen, sondern andere dazu erwählen. Man kann die Fichtenzapfen im Dezember, Januar und Februar noch sammeln lassen, weil sie die Saamen länger an sich halten, als die Weißtannen.

§. 469. Obgleich der Kiefersaamen schon im Dezember reif wird, so fliegt er doch erst zu Anfang des folgenden Frühjahrs mit den Westwinden aus. Man hat daher an diesem Baum mit dem Zapfenbrechen am längsten Zeit, und dieses ist auch nöthig, denn die Sammlung der Kieferzapfen ist wegen der Höhe der Bäume, und der morschen Zweige derselben, mit vieler Gefahr und Weitläuftigkeit verbunden.

§. 470. Man hat sich bei den Kiefern sehr in Acht zu nehmen, daß man die rechten Zapfen breche, weil sie gemeiniglich deren dreierlei Sorten zugleich haben. Die erste ist von dritthalb Jahren, sie sitzen zu hinterst an den Zweigen, und haben schon drei Quirle vor sich; die zweite Sorte ist von anderthalb Jahren, und diese sinds, welche man brechen muß; sie

2. Von der Waldſaat.

haben zween Quirl vor ſich; und die dritte Sorte iſt vom verwichenen Frühjahr, haben einen Quirl vor ſich, und werden erſt künftigen Herbſt reif.

§. 471. Die Zapfen dieſer drei Nadelhölzer ſind harzig, vorzüglich aber die Kieferzapfen; die Schuppen, welche den Saamen unter ſich enthalten, ſind hart, und liegen feſt aufeinander, wenn man aber die Zapfen trocknet, ſo ſpringen die Schuppen auf, und die Saamkörner fallen aus. Allein dieſes Trocknen hat ſeine Schwierigkeit: durch die Wärme wird das Harz weich, und hängt noch ſtärker zuſammen; macht man die Hize zu groß, daß das Harz auftrocknet, ſo leiden gemeiniglich die Saamen, und gehen hernach nicht auf; will man ſie aber langſam nach und nach trocknen, ſo geht viele Zeit und Mühe darüber hin.

§. 472. Dieſe Beſchwerlichkeit, die Nadelholzzapfen zu trocknen und den Saamen zu gewinnen, hat verſchiedene Erfindungen veranlaßt. Man pflegt ſie an der Sonne auf einem Bubert oder Brettgerüſte zu trocknen, und ſo den Saamen los- und auszuklengen; oder man trocknet ſie in der warmen Stube auf Gerüſten, ſo, daß man ſie wechſelweis zum warmen Ofen und wieder davon bringt;

Die Holzzucht.

oder man sezt sie im April auf Brettern mit einem Rand der Sonne, dem Regen und der Luft aus, so lang, biß die Saamen ausfallen.

§. 473. Das Trocknen an der Sonne kann den Winter selten geschehen; und will man es auf den folgenden Sommer versparen, so kann man nicht eher als folgendes Frühjahr, und also ein Jahr später, säen. Ueberdas erfordert das Trocknen durch die Sonne und Witterung lange Zeit, viel Nachgehens und Mühe; das alles sind merkliche Unbequemlichkeiten, die der Forstwirth vermeiden soll.

§. 474. Das Trocknen im April geht nur dann an, wenn die Sonne viel scheint; geschieht das aber nicht, so rückt die Säenszeit heran, und man hat keinen Saamen. Die Methode, in der warmen Stube zu trocknen, scheint mir daher die beste zu seyn, und diese will ich also umständlich lehren.

§. 475. Wenn die Zapfen der Natur überlassen sind, so werden sie durch die Abwechslung der Trockenheit und Feuchtigkeit, Wärme und Kälte der Luft bequem gemacht, daß sie durch die mässige Bewegung des Windes ihre Saamen fliegen lassen. Dieß gründet sich auf folgende physische Erfahrung: alle holzigte Körper werden etwas gröser, wenn sie von der Feuchtigkeit durchdrungen werden; wenn sie nun in diesem Zustand eine trockene Wärme bewürkt, so trocknen sie ungleich, die Fläche, welche zunächst gegen der Wärme steht, trocknet ein, und zieht sich mehr zusammen als die gegenüber stehende feuchte Fläche, daher zieht sich der Körper krumm.

§. 476. Ohngefähr solche Körper sind die Schuppen auf den Zapfen; man ahme hier der Natur nach, erhöhe nur die Grade der Wärme durch die Hize eines Ofens, und die Grade der Feuchtigkeit durch Besprengen mit Wasser, so wird man bald zum Zweck kommen. Zugleich hat man aber auch den Nuzen, daß das Harz desto eher trocknet; denn das Anfeuchten mit Wasser und das wechselweise Trocknen zerstört es ungemein geschwind.

§. 477. Man verfahre also folgendergestalt: In einem dazu bestimmten Zimmer, welches einen guten Ofen hat, läßt man rundum an den Wänden Gerüste machen, in welche man geflochtene Horden, mit grobem locker gewebtem hänfenen Tuch überzogen, immer eine einen Schuh hoch über die andere hinstellen kann; diese Horden belegt man mit Zapfen, des Morgens fängt man an, besprengt eine Horde nach der andern mit Wasser, so, daß die Zapfen mäsig naß werden, und stellt sie wieder hin.

§. 478. In der Entfernung, welche die Horden jezt noch von dem warmen Ofen haben, kann die Feuchtigkeit nicht so geschwind verdünsten, ehe sie ihre Würkung gethan hat; sie kann aber auch so tief nicht eindringen, daß sie dem Saamen schädlich wird. Wenn sie nun in dieser Entfernung vom Ofen einige Zeit gestanden haben, so stellt man sie näher, die Oberfläche der Schuppen zieht sich nun krumm, beugt sich in die Höhe, und der Saame wird loß. Es wird aber sehr gut seyn, wenn man die Zapfen alle mit den Stielen gegen den Ofen kehrt, weil sich alsdann die Schuppen leichter ruckwärts ziehen, und also dem Saamen mehr Plaz machen.

§. 479. Man muß aber nicht erwarten, daß diese Würkung gleich den ersten Tag erfolge, ein oftmaliges Wiederhohlen dieses Handgrifs wird zum erwünschten Zweck führen: so wie sich die Schuppen öfnen, so klopft und reibt man über einem besonderen Gefäß einen Zapfen nach dem andern aus, biß man sieht, daß alle Schuppen offen sind, und kein Saamkorn mehr darunter liegt; auf der Horde darf man keine Saamkörner liegen lassen, weil sie von dem öfteren begiesen und trocknen

Ver-

2. Von der Waldsaat.

verderben würden; alsdann braucht man die leere Zapfen zum Verbrennen, den Saamen aber reibt man gelind zwischen den Händen, so gehen die Flügel ab, und bewahrt ihn in flachen grosen Schubladen, welche seitwärts viele kleine Löcher haben, damit die Luft durch streichen, und doch kein Ungeziefer hinzu kommen könne.

§. 480. Nach dieser Methode werden die Weißtannen-, Fichten- und Kiefern-Zapfen ausgeklengt. Die Weißtannen werden zuerst zeitig, und lassen auch den Saamen am ersten fliegen; diesen macht man also im Dezember und Januar am ersten aus. Darauf folgt der Fichtensaamen, der schon länger in den Zapfen hangen bleibt; und endlich nimmt man den Kiefernsaamen vor die Hand, weil man sein Ausfliegen am spätsten zu befürchten hat.

§. 481. Unter allen Nadelholzsaamen sezt es mit dem Ausklengen der Lerchenzapfen die meiste Schwierigkeit: das terpenthinartige Harz dieser Pflanze, welches auch häufig in den Zapfen anzutreffen ist, läßt sich durch die Wärme nicht auftrocknen; vielmehr schliessen sich die Schuppen noch fester an, so, daß man die Saamen, welche ohnehin unter ihrer sehr harten Decke fest eingeklemmt sizen, unmöglich heraus bekommen kann; allein, es stünde doch zu versuchen, ob man sie nicht durch wechselweises Befeuchten und Trocknen, so wie ich oben gelehret habe, würde gewinnen können? Wahrscheinlich ist es wenigstens.

§. 482. Die bisherige beste Methode, den Lerchensaamen auszuklengen, ist folgende: da dieser Saame im Dezember reif wird, so bricht man ihn gegen das Ende dieses Monats und im Jänner; alsdann nimmt man ein schmales aber starkes und spiziges Messer, sticht damit in den Zapfen hinein, da wo der Stiel desselben ist, sprengt den Zapfen an zwei Stücke in der Mitte von einander, jede Hälfte sprengt man wieder in zwei Stücke, so, daß also jeder Zapfen in vier Viertheile zerrissen, aber nicht zerschnitten wird, damit man kein Saamkorn verleze.

§. 483. Mit eben diesem Messer sprengt man auch nun an jedem Viertheil jede Schuppe ab, und läßt den Saamen herausfallen; man muß sich aber in Acht nehmen, daß man das Messer nicht zu tief unter die Schuppe hineinschiebe, damit man nicht das Saamkorn zerdrücke. Durch das Zerspalten der Zapfen wird das Absprengen der Schuppen leicht. Die ganze Arbeit erfordert freilich noch viele Mühe, doch können ein paar Leute, welche damit umzugehen wissen, vielen Saamen auf diese Weise ausklengen.

2. Von der Waldsaat.

§. 484. Die übrige Saamen der Nadel- und Laubhölzer erfordern weniger Mühe: sie sind entweder wieder fliegende kleine Saamen, die man nur zur Zeit der Reife mit ihren **Käzgen** oder **Büscheln** abschneidet, in einen Sack sammelt, und zu Haus auf ein ausgebreitetes Tuch ausklopft; oder es sind **Nüsse**, die man nur abzuschütteln und aufzulesen braucht; oder es sind **Beeren, Mispeln, wilde Birn** und **Aepfel**.

§. 485. Die Beeren sind saftig, und enthalten die Saamkerne in einem weichen Fleisch; man treibt sie nur durch einen Durchschlag in einen untergestellten Zuber mit Wasser, das weiche Fleisch vermischt sich mit dem Wasser, die Saamen aber fallen zu Boden; nun schüttet man das Flüssige ab, und trocknet die Kerne im Schatten.

§. 486. Die Mispeln, Birn und Aepfel läßt man weich werden, treibt sie dann eben so durch einen Durchschlag, wie ich oben gelehrt habe; weil aber die Aepfel lang liegen, ehe sie faulen, so quetscht man sie mit einer Keule, wirft sie alsdann in ein Gefäß, in welchem man sie zusammendrückt, allenfalls auch ein wenig beschwert, und stellt sie an einen warmen Ort, so werden sie bald faul, und dann verfährt man wie oben.

Die Holzzucht.

§. 487. Wenn nun alle Saamen wohl getrocknet sind, so muß man diejenigen säen, die sich nicht aufbewahren lassen; will man solche, die sich halten, ohne zu verderben, bis übers Jahr versparen, so kann man sie entweder in leinenen Säcken an einem lüftigen Ort aufhängen, oder man macht sich ein **Saamenkabinet**, das ist ein Schrank mit vielen Schubladen, auf welchen vorn die Namen der inwendig enthaltenen Saamen zierlich geschrieben sind. Dies Kabinet muß aber so eingerichtet werden, daß überall frische Luft durchziehen kann, doch so, daß weder Mäuse noch ander Ungeziefer dazu kommen können.

§. 488. Ich muß aber hier die Erinnerung machen, daß ich bessere Gedanken von einem Forstmann haben würde, wenn ich eine grose Menge Saamensäcke bei ihm fände, als ein propres Saamenkabinet. **Bei allen Wirthschaften ist die Sparsamkeit die Mutter des Segens.** Ein Landwirth, der schöne prächtige Häuser, Scheunen und Ställe baut; ein Fabrikant, dessen Fabrikhaus ein Schloß ist; und ein Forstwirth, der grose und schöne Baumschulen und Saamenkabinete hat, spannt zwei Pferde hinter und zwei vor den Wagen; wie will er da vom Plaz kommen?

2. Von der Waldſaat.

§. 489. Wenn ſich der Forſtwirth von allerhand Saamen jeden Herbſt einen Vorrath ſammelt, ſo wird er nun in den Stand geſezt, ſeine Waldungen in guten Beſtand zu bringen; er muß ſich eine Freude daraus machen, alle leere Pläze ſeiner Reviere mit dem zweckgemäſeſten Holz zu beſäen, und jährlich da, wo er hat hauen laſſen, den Abgang durch die Saat wieder zu ergänzen ſuchen. Meiner angenommenen Ordnung zufolge, verhandle ich nun wieder zuerſt:

Die Anſäung der Nadelhölzer.

§. 490. Die Nadelhölzer haben in der Forſtwirthſchaft manchfaltigen Nuzen und viele Vorzüge: ſie wachſen häufig nach, indem ſie ſich leicht ſelbſt beſaamen, und überdas ſehr geſchwind; ſie dienen zu allen Bedürfniſſen des Lebens, wozu auch die Laubhölzer dienen, wenn man das Bau- und Zimmerholz, welches dem Wechſel der Witterung ausgeſezt iſt, das Verkohlen bei groſen Schmelz- und Hüttenwerken, und einen groſen Theil Geräthe ausnimmt, wozu man das Nadelholz nicht gebrauchen kann.

§. 491. Denn was auch immer von der Brauchbarkeit der Nadelholzkohlen geſagt und geſchrieben worden iſt, ſo lehret doch die Erfahrung, daß sie, aller Versuche ungeachtet, den gebräuchlichen Laubholzkohlen immer nach/stehen, besonders wenn man sie im Grosen zu Eisenhütten und Hämmern gebrauchen will; wo man aber dergleichen nicht hat, da rathe ich ernstlich zum Anbau der Nadelhölzer.

§. 492. Ein Distrikt ist entweder ganz mit Laubholz, oder ganz mit Nadelholz, oder mit beiden zugleich bestanden; wo man lauter Laubholz hat, da fragt sich's: ob der Distrikt bei der besten Forstpflege auf immer im Stand sei, dem höchstmöglichen Absaz genug zu thun? Ist dem so, so ist der Anbau des Nadelholzes unnöthig; dieser Fall ist aber selten. Findet man aber das Gegentheil, so thut man wohl, wenn man die schicklichsten Nadelhölzer auf forstgerechte Weise ansäet.

§. 493. Es ist aus vielerlei Ursachen nicht dienlich, wenn man Nadel- und Laubhölzer unter einander säet: sie gedeihen nicht wohl zusammen, und wachsen auch nicht gleich geschwind. Daher ist es allemal besser, wenn man Nadelhölzer ansäen will, daß man einen Ort allein damit in Bestand seze.

§. 494. Hat man nun einen blosen Ort, wo man Nadelholz anbauen will, so muß man auf alle oben angeführte Umstände sehen, und daraus schliessen, welche Art des Nadel-

2. Von der Waldsaat.

holzes die zweckgemäseste sei? Ist der Plaz trocken und etwas steinig, nur nicht morastig, dabei nicht zu fett, sondern gemäsigt mager; liegt er nicht zu hoch und rauh, sondern an einem Hügel, oder an der Mitte des Berges, so, daß er nicht zu kalt ist, so dient er zur **Weißtannensaat.**

§. 495. Diese wird folgendergestalt ins Werk gerichtet: da man solche Oerter an den Bergen selten pflügen kann, so läßt man sie hacken; dies geschieht im Frühjahr, wobei zugleich das Gesträuch, besonders wenn es stark wuchert, ausgerodet wird. Den Sommer über trocknet man die Rasen, wendet sie mit Krazen ein paarmal um, verbrennt sie im Herbst zu Asche, und streut sie eben und gleich aus.

§. 496. Damit diese mühsame Arbeit dem Forstwirth seinen jährlichen reinen Ertrag nicht schwäche, so muß er mit der Weißtannensaat zugleich Frucht ansäen, weil ihm die Erndte seine Unkosten bezahlt, und die junge Pflänzgen dadurch im ersten Jahr beschattet werden, da kann er nun entweder den Plaz an arme Leute vertheilen, welche ihn bearbeiten und besäen, oder er kann das Hacken und alle Arbeit verdingen, selber die Frucht ansäen, sie hernach verkaufen, und so weit der Ertrag zulangt, die Arbeitsleute damit bezahlen.

§. 497. Die besten Früchte zu diesem Zweck sind nach meinen vielfältigen Beobachtungen das Korn oder der Roggen, und der Buchweizen; unter beiden wählt man diejenige Art, welche man für jezo am zuträglichsten hält. Will man Korn brauchen, so nimmt man 6 Theile dieser Frucht, und einen Theil Weißtannensaamen, mischt alles wohl durcheinander, und säet es im Oktober über die ausgestreute Asche aus; hat man nun einen Pflughacken, so pflügt man damit den Saamen unter; kann man egen, so egt man; kann man beides nicht, so nimmt man eine leichte Hacke, und häckelt alles unter.

§. 498. Wählet man Buchweizen zur Saat, so läßt man den Ort mit seiner ausgestreuten Asche liegen biß ins Frühjahr, mischt alsdann wieder 6 Theile Buchweizen und einen Theil Weißtannensaamen untereinander, säet das Gemisch im Mai aus, und pflügt, egt oder häckelt den Saamen unter, wie oben.

§. 499. Wenn die Früchte den folgenden Herbst reif werden, so muß man sich äusserst hüten, daß man keine grobe unvorsichtige Leute zur Erndte gebrauche. Die Frucht muß hoch abgeschnitten, und die jungen Pflänzgen

2. Von der Waldsaat.

müssen, so viel als möglich, geschont werden, damit man sie nicht zu sehr zertrete; besonders sind ihnen die Weibsleute mit ihren hohen und spizigen Absäzen gefährlich. Die folgende Jahre muß man den jungen Ort mit dem Forstbann belegen, und überaus genau für allem Schaden schüzen.

§. 500. Hat man hohe, rauhe, schattigte, kühle Oerter, mit einem steinigten oder kiesigten Boden, so säet man Fichten oder Rothtannen dahin. Man verfährt dabei, wie ich bei der Weißtanne gelehrt habe, nur mit dem Unterschied, daß auf einem solchen Boden und in einer solchen Lage der Roggen schwerlich geräth, daher säet man im Frühjahr, und nimmt zur Beisaat Buchweizen; will man auch Birken mit unter säen, so kann man es thun. Die Rothtannensaat wächst die ersten paar Jahre langsamer, als nachher.

§. 501. Hat man einen schlechten, sandigten, nur etwas gemischten, magern Boden, der nicht hoch und kalt liegt, zugleich aber nicht morastig, sondern trocken ist, so dient er zum Anbau der Kiefern. Man pflügt oder hackt den Plaz, verbrennt die Rasen, streut die Asche aus, und säet den Saamen künftigen April bei feuchter Witterung, den man dann etwas einegt, oder unterhäckelt.

§. 502. Diese Bearbeitung ist nöthig, wenn der Plaz mit Ginster, Heide, Moos, oder andern Gewächsen überzogen ist, die die Kiefernsaat am Wachsthum hindern. Wollte man aber, um die Unkosten zu bestreiten, Frucht mit untersäen, so kann es wieder Korn oder Buchweizen seyn; und im ersten Fall säet man im Herbst. Ist der Rasen so dünn und mager, daß er keine Rasen zum Verbrennen giebt, wie z. B. im Flugsand, so häckelt man nur die Erde auf, oder pflügt den Ort dünne, säet den Saamen hin, und egt oder häckelt ihn unter. Hier läßt sich aber keine Frucht mit einsäen; es würde besser seyn, wenn man Wacholderbeeren mit einstreute. Ob der Wacholder aber die Kiefern brandig mache, wie einige behaupten, weis ich nicht.

§. 503. Sogar im Flugsand schlagen die Kiefern an, wenn er nur nicht zu sehr dem Spiel des Windes ausgesezt ist. Hier darf man ihn nur säen und unterkrazen. Ueberhaupt ist die Kiefernsaat da, wo ihr der Boden, die Lage und das Klima zuträglich ist, eine der vortheilhaftesten; denn sie besaamen sich selber stark, und vermehren sich häufig. Die Ansäung ist sehr leicht, und das Holz ist eins von den nüzlichsten. Als eine Hauptregel muß ich aber anmerken: **daß man jede**

2. Von der Waldsaat.

junge Saat gegen alle Anfälle sorgfältig schüzen müsse.

§. 504. Wo man einen tiefen, leichten, etwas mit Sand vermischten, guten Waldboden, an der Mitternacht- Morgen- oder Abendseite mäsig-hoher Gebirge, in einem nicht zu kalten Klima hat, da ist die Lerchensaat unvergleichlich; nur hüte man sich für jedem Klei- Laim- Thon- Torf- oder Moorboden. Das Lerchenholz hat alle Nuzbarkeiten des Eichenholzes, und das ist erstaunlich viel gesagt; hingegen übertrift es dasselbe noch in vielen Fällen weit, denn ein Lerchenbaum ist nach 80 biß 100 Jahren schon ausgewachsen, wann die Eiche noch im Knabenalter ist. Ueberdem ist das Holz schöner, und also bei kleinem Werk- und Geräthholz sein Gebrauch viel ausgebreiteter.

§. 505. Da das Lerchenholz noch nicht durchgehents bei uns naturalisirt ist, und man also den Saamen noch selten selber hat, so muß man ihn von andern Orten verschreiben. Ueberhaupt thut man wohl, wenn man alle Saamen, ehe man sie säet, ins Wasser wirft, was oben schwimmt, wegthut, und nur dasjenige säet, was zu Boden sinkt. Vorzüglich ist das aber bei fremden Saamen nöthig, die oft mehrentheils taub sind, damit man die

Mühe der Ansaat nicht umsonst anstelle. Dieser Wasserprobe muß man auch den Lerchensaamen unterwerfen. Es ist aber wohl zu merken, daß man vorher die Flügel wohl abreibe, weilen sonst auch die besten Saamen schwimmen.

§. 506. Hat man Saamen genug, um einen Ort damit anzubauen, so thut man besser, wenn man ihn daselbst unmittelbar hinsäet, als wenn man ihn erst mühsam in der Baumschule erziehen will; gut ists aber, wenn man einen solchen Ort auf etliche Jahre befriedigen kann; wenn er die gehörige Eigenschaften hat, so bearbeitet und besäet man ihn eben so, wie ich oben bei der Weißtaune gelehret habe.

§. 507. Wenn man öde entholzte Gebirge hat, wo der Boden zum Theil kalt oder thonigt, oder auch steinigt und felsigt ist, so, daß man nicht wohl grosses wuchsiges Gehölz daselbst anpflanzen kann; und wenn zugleich grose und volkreiche Städte nicht zu weit entlegen sind, so hat man vom Anbau des Wacholders Nuzen zu gewarten, denn jene Gegenden liebt er, wenigstens wächst er dort recht gut, und von dem Krametsvogelfang, als welche delikate Vögel sich häufig in den Wacholderkrtern einfinden; desgleichen von den Beeren

2. Von der Waldsaat.

und andern Produkten dieser Pflanze hat man in grosen Städten immer genugsamen Abgang zu erwarten.

§. 508. Das Pflügen und Egen, welches bei der Waldsaat von den Schriftstellern so oft empfohlen wird, ist ausserordentlich selten ausführbar. Die Oerter, welche man besäen will, haben gewöhnlich allerhand Gesträuche, folglich auch Wurzeln, die den Gebrauch des Pflugs und der Ege nicht zulassen; oder sie sind ungleich, steinigt und felsigt, wo diese Methode ebenfalls nicht angeht. Das Hacken und Rasenbrennen ist daher fast allemal am besten, und bei der Wacholdersaat wieder in den mehresten Fällen die beste Methode.

§. 509. Man bereitet also den Boden, wo man Wacholder säen will, auf die Art, wie es am thunlichsten ist, entweder durch Pflügen und Egen, oder durch Hacken und Rasenbrennen; will man Buchweizen mitsäen, so veranstaltet man die Saat im Frühling zu rechter Zeit, sonst im Herbst. Man muß aber sorgen, daß die Beeren gut sind, die man zur Saat gebrauchen will. Mjt Sevenbaum und Taxbaum wird wohl niemand Oerter in Bestand sezen.

§. 510. Dieses bisherige läßt sich nun auch auf die verschiedene Arten und Abarten

der Nadelhölzer anwenden. Wer die Forstbotanik recht wohl inne hat, der wird nach den
Karakteren jeder Art leicht dasjenige ab- und
zusezen können, was ihre besondere Eigenschaften allenfalls noch erfordern möchten. Ich
wende mich also nun zu der Lehre

Von der Ansäung des Laubholzes.

§. 511. Die Eichen sind für uns Deutsche
sehr wichtige Bäume, die wir schlechterdings
in vielerlei Absichten nicht entbehren können,
besonders da es noch lange nicht ausgemacht
ist, daß die Lerchen durch ganz Deutschland
allgemein werden, und überall wachsen können. Da nun durchgehends dies wesentlich nö-
thige Holz abnimmt, und würklich an vielen
Orten zu mangeln beginnt, ja da Jahrhunderte zu seiner Vollkommenheit nöthig sind,
so sollte kein Landwirth, vielweniger ein Forstwirth gefunden werden, der es sich nicht zur
heiligsten Pflicht machte, jährlich Eichen anzupflanzen; ja die schwerste Strafe sollte auf
die muthwillige Verlezung oder Verstümme-
lung eines Eichbaums gesezt werden.

§. 512. Aus diesem höchstwichtigen Grund
soll jeder Forstwirth den Anbau der Eichen
ohne Unterlaß und zwar mit höchster Sorgfalt
betreiben; wenn er wenig Eichenwälder oder

2. Von der Waldsaat.

Oerter hat, so muß er neue anlegen, und die alten durch jährliches Eichelstecken und sorgfältige Pflege schüzen und im Bestand erhalten.

§. 513. Wenn man einen Ort mit Eichen in Bestand sezen will, so muß man vorzüglich darauf sehen, ob der Boden tiefgründig genug sei? Er muß wenigstens auf 5 Fuß tief keine Steinlager haben, weil die Pfahlwurzel einer Eiche so tief geht, und wenn sie gehindert wird, so kann der Baum niemals seine Vollkommenheit erlangen.

§. 514. Die Erdart kann bei den Eichen sehr verschieden seyn: doch habe ich angemerkt, daß sie in einem gemischten Thongrund, der mit einer guten Lage Dammerde bedeckt ist, wo es weder zu trocken noch zu feucht, besonders nicht zu hoch auf den Bergen ist, am allerstärksten werden. Auf solchen Pläzen habe ich allemal die Reck-Achsen (das sind Hammerwellen in die Reckhämmer, welche gegen 5 Schuhe im Durchmesser haben müssen) angetroffen.

§. 515. Hat man nun einen bequemen Ort, der zum Eichentragen tüchtig ist, so muß man sich nach den Umständen richten: ist er mit Gesträuchen und Heide bewachsen, so muß man ihn hacken, die Rasen verbrennen und die Asche zerstreuen; wenn nun im Herbst die Eicheln reif sind, so, daß sie anfangen von den Bäumen zu fallen, so sammelt man nicht die abgefallenen, sondern man breitet ein Tuch unter den Baum aus, schüttelt oder schlägt sie ab, und sammelt sich ihrer so viel, als man nöthig hat.

§. 516. Alsdann übersäet man den ganzen Plaz mit Roggen, arbeitet ihn mit dem Pflughacken oder mit der Hacke unter, hernach gehen zween Männer, einer mit der Hacke, der andere mit einem Korb voller Eicheln, hin; der erste schlägt mit der Hacke ein, zieht ein wenig an sich, und so wirft der andere eine Eichel hinter der Hacke in die Erde, nun zieht der erste die Hacke heraus, und läßt die Erde auf die Eichel fallen.

§. 517. Dies Eichel sezen muß in Reyhen geschehen, so daß eine Eichel von der andern, und eine Zeile von der andern, etwa einen Schritt entfernet sey. Man muß aber wohl bemerken, daß dies Sezen zur Zeit der Reife geschehe, denn diese Frucht läßt sich schwer aufbewahren. Der erfahrne Forstmeister Rettig in Lautern macht eine tiefe Grube in die Erde, belegt sie mit Stroh, schüttet dann die Eicheln darauf, bedeckt sie wieder mit Stroh, und dann mit Erde, damit keine

Feuch-

2. Von der Waldsaat.

Feuchtigkeit dazu kommen könne, so halten sie sich frisch bis ins Frühjahr.

§. 518. Nach der Erndte muß man einen solchen Eichenort gegen alle Zufälle wohl beschüzen; wenn die Rasen verbrannt worden sind, so wächst in den ersten zwei Jahren das Gras und Unkraut nicht so stark, daß es die jungen Pflänzgen hindern könnte, und hernach sind sie schon so gros geworden und so tief gewurzelt, daß es ihnen keinen Schaden mehr thut. Sieht man im folgenden Jahr nach der Saat, daß hin und wieder Eichen ausbleiben, so sezt man nach; dies wiederhohlt man alle Jahr, bis an jedem gehörigen Ort eine Eiche steht.

§. 519. Wenn diese Bäume nun nach 16 bis 20 Jahren in die Höhe gewachsen sind, unter welcher Zeit man sie, wie in der Baumschule, ausschneideln, und, wenn man's für gut findet, auch fälgen kann, so stehen sie viel zu nahe beisammen, als daß man sie so dürfte stehen lassen, und das Verpflanzen hat doch auch seine Schwierigkeiten: daher thue ich folgenden Vorschlag, der mir äusserst wichtig und sehr nüzlich zu seyn scheint; so viel habe ich in ähnlichen Fällen erfahren, daß ich fast gewiß bin, er werde gelingen.

§. 520. Die Bäume stehen alle eines

Forstwirthschaft 1Th.   Q

Schritt weit von einander, sie dörfen aber nicht näher, als etwa auf 8 Schritte beisammen stehen, wenn sie anders vollkommene Bäume werden sollen; daher haue man gegen das Ende des Aprils in der ersten Reihe immer 7 Bäume glatt an der Erde ab, und lasse den 8ten stehen; dann hauet man wieder 7 Reihen glatt ab, ohne einen Baum stehen zu lassen; in der achten Reihe verfährt man aber wieder wie in der ersten; dadurch wird man den Ort so einrichten, daß die Eichen in gehöriger Weite von einander stehen.

§. 521. Die abgehauenen Stangen kann man zu Faßreifen, zum Lohschälen, u. dgl. herrlich vernuzen; die Stämme schlagen nun den Sommer über mit Stammlohden häufig aus. Diese wachsen von Jahr zu Jahr, und die Laßreiser oder Vorständer, als welche immer einen grosen Vorsprung haben, werden feucht an der Wurzel erhalten, und wachsen schleunig auf. Nach 16 bis 20 Jahren treibt man das Schlagholz abermal zum Borkenreisen, Brenn- oder Klafterholz, oder zu Faßreifen ab, u. s. w. Solchergestalt kann man einen Eichenort einträglich benuzen, ohne dem Hauptzweck, der grosen Eichenzucht, hinderlich zu seyn. Und wenn auch, nach der Aussage verständiger Forstmänner, dies

Schlagholz unter den Bäumen endlich nicht mehr hoch und gerat treiben würde, so bleibt es doch noch immer zum Lohschälen, Brand- und Kohlholz gut genug.

§. 522. Erfahrne Forstwirthe versichern, daß ein solcher kahl abgetriebener Ort nicht gern Stammlohden treibe, besonders wenn ihn die Sonne stark bescheinen könne; und doch weiß man's im Fürstenthum Nassau-Siegen, aus mehr als hundertjährigen häufigen Erfahrungen, daß man einen Eichenort glatt und kahl abhauen könne, und daß dem ungeachtet die Stammlohden ausserordentlich schnell in die Höhe schiessen; man hackt aber dort einen solchen Ort alsofort nach dem Abtreiben, verbrennt die Rasen, und säet Roggen dahin. Ob diese Arbeit nun etwas zum schleunigen Ausschlag der Stöcke beitrage, das lasse ich dahin gestellt seyn; wenigstens ist es wahrscheinlich.

§. 523. Nächst der Eiche ist die Roth- oder Maibuche ein unserm Himmelsstrich einheimischer Baum, der so zu sagen allenthalben angetroffen wird, und eben so überall nüzlich ist: zum Brenn- und Kohlholz ist er immer der vorzüglichste; da man nun das erstere allenthalben häufig und in groser Menge nöthig hat, und das lezte an vielen Orten eben falls sehr stark gebraucht wird; endlich, da man es zu vielem Geräthholz verwendet, so halte ich dafür, daß der Forstwirth nächst dem Eichenholz seine gröste Aufmerksamkeit darauf verwenden müsse, besonders da es überall, wo nur ein natürlicher guter Waldgrund ist, wohl anschlägt.

§. 524. Zur Ansäung der Buchen erwählt man am liebsten eine Mitternacht- oder Morgenseite der Berge: und hätte man auch einen solchen Ort zum Eichelnsezen erwählt, so könnte man Bucheln mit untermischen, weil diese Bäume sich wohl zusammen vertragen. Doch halte ich dafür, daß der Forstwirth nicht leicht gemischte Oerter anlegen müsse, sondern, daß er besser thue, wenn er jede Holzart besonders säet. Bei dem Buchelnsezen verfährt man genau so, wie oben bei den Eicheln gelehrt worden.

§. 525. Ich halte dafür, daß man mit einem Buchen Ort auf die nemliche Weise verfahren könne, wie ich oben bei den Eichen gelehret habe; das Buchen-Gehölze wird am Stamm ausschlagen, und also gutes Brandholz abwerfen. Die Mäuse gehen den Buchelkernen stark nach, daher muß man die folgende Jahre fleisig nachsezen; das Beizen derselben in Mistpfüze, und dergleichen schar-

2. Von der Waldsaat.

sen salzichten Sachen, ist bedenklich, und das fleisige Nachsezen immer das beste Mittel.

§. 526. Die Birkensaat hat ihren vortreflichen Nuzen, wenn es uns um Schlagholz zu Klafter- oder Brenn- und Kohlholz zu thun ist, oder wenn man eine unfruchtbare Heide hat, die man gern geschwind in guten Holzbestand sezen wollte. In dem Fall also, wo man Hofnung zu genugsamem Stammholz, oder hinlängliche Anstalten dazu gemacht hat, so, daß man nun bald gerne gute Schläge haben möchte, da kann man mit Vortheil Birken säen. Ich wollte aber lieber immer unfruchtbare Oerter dazu erwählen, weil die Birken hier eben so gut gedeihen, und den bessern Boden zu nüzlicherm oder kostbarem Holz verwenden.

§. 527. Geschickte Männer rathen zwar an, den Birkensaamen nur blos über Moos und Heide hinzusäen; vielleicht geht das auch an. Allein, besser ists doch, wenn man den Ort hackt, die Rasen verbrennt, und den Saamen mit dem Roggen im Herbst untersäet; ich habe den besten Erfolg davon gesehen. Wenn man aber sonst wenig oder gar kein Schlagholz hat, so kann man mit dem grösten Nuzen Eicheln mit unterstecken. Diese werden daselbst zwar keine grose Bäume treiben, aber herrlich Schlagholz zu Reifen und zum Borkenreisen geben. Wacholdern und Birken stehen auch sehr gut zusammen, wenns zweckmäsig ist, so kann man Wacholderbeeren mit untersäen.

§. 528. Oft hat man in den Forsten morastige Oerter: ist nun das Holz theuer, oder können solche Moräste nicht ohne grose Unkosten ausgetrocknet und zu Wiesen gemacht werden; oder, sind sie zu diesem Zweck zu unbequem und zu weit entlegen, so säet man Erlen dahin. Im Fall aber Bauerngüter in der Nähe wären, und es an Holz nicht mangelte, so, daß man das Heu und Grummet theurer verkaufen könnte, so hielte ich für besser, den Morast zur Wiese zu machen, und jährlich das Gras zu verkaufen.

§. 529. Will man nun einen morastigen Ort mit Erlen in Bestand sezen, so durchschneidet man ihn mit parallel-laufenden Graben, etwa 3 bis 4 Fuß von einander; über den Auswurf dieser Graben säet man den Saamen hin, und überläßt alsdann das fernere der Natur. Haben nun die Erlen ihr gehöriges Alter erreicht, so zieht man die Pflanzen aus, welche zu dicht stehen, und verseʒt sie auf die andere Seite des Grabens.

§. 530. Es ist gut, wenn man diese Graben anderthalben Schuh tief und weit macht, und sie jährlich einmal ausfegt; dadurch wird der Boden so viel trocken, daß man zwischen den Gräben gehen kann. Das Erlenholz treibt man hernach zu Schlagholz ab; oder, wenn man gröfsere Bäume nöthig hat, so läßt man hin und wieder Laßreiser stehen, das andere Holz aber haut man weg, und benuzt es nach Gelegenheit. Wenn man will, so kann man auch Weiden mit unterstecken.

§. 531. In einer Gegend, wo viele Städte und Dörfer in der Nachbarschaft sind, wo mancherlei Handwerksleute, besonders Stellmacher, wohnen, und wo man nicht zu trockene und nicht zu feuchte Niederungen hat, übrigens aber an nöthigern Holz kein Mangel ist, da kann man Ulmen und Eschen anbauen. Dies geschieht auf die Weise, wie ich gelehrt habe, wo keine Sträucher und Steine sind, durch Pflügen und Egen, sonst aber durchs Rasenbrennen.

§. 532. Die Ulme säet man im Sommer, die Esche aber im Herbst; will man nun beide Hölzer unter einander bauen, so säet man erst die Ulme in Riefen 2 Schritte weit von einander; hernach im Herbst säet man auch die Eschen gerad in die Mitte zwischen obige Gräbgen, ebenfalls wieder in Rie-

sen. Da nun im Herbst die Ulmen schon her-
vorgeschossen sind, so kann man kein Korn
zugleich mitsäen, weil man es nicht würde
unter die Erde bringen können, ohne den jungen Aufschlag zu verlezen.

§. 533. Beide, die Ulmen und Eschen,
schlagen am Stock gut aus, daher man sie
als Schlagholz recht wohl benuzen kann; wenn
sie also nach obiger Art angesäet worden, so
stehen sie zu dick, um zu Oberbäumen wachsen
zu können; daher verfährt man nach 16 Jahren so, wie ich oben bei den Eichen gelehrt habe, daß man nämlich das überflüssige Holz zu
Schlagholz abtreibt, und genugsame Laßreiser zu Oberholz stehen läßt.

§. 534. Bei diesem gemischten Ort entsteht die Unbequemlichkeit, daß die Ulme viel
später als die Esche ihre Vollkommenheit erreicht; mich deucht aber, sie sei nur dann in
Betracht zu ziehen, wenn man Stamm-Baum-
oder Brettholz daraus machen will. Zu diesem
Zweck thäte man freilich besser, wenn man jedes Holz allein säete, weil das häufige Fällen
des frühern Holzes dem noch wachsenden durch
das Fallen und Bearbeiten vielen Schaden zu-
fügt. Gemeiniglich braucht man aber solche
Hölzer nur zu solchen Geräthen, die keine gro-
ße Dicke erfordern, als zu Wagendeichseln,

2. Von der Waldſaat.

Karren- und Leiterbäumen u. ſ. w. folglich wird obige Unbequemlichkeit ſelten ſchädlich ſeyn.

§. 535. Wo viel und mancherlei hölzernes Geräthe in einer Gegend gemacht wird, und beſonders viele Schreiner und Drechsler in der Nähe ſind, da kann der Anbau des Ahorns mit ſeinen Arten einträglich werden. Ich vermuthe aber, daß dies Gehölz beſſer gedeiht, wenn es in groſe ſchattigte Wälder hin und wieder ausgeſprengt wird, als wenn man einen eigenen Ort damit in Beſtand ſezt; denn ich habe gemerkt, daß der Boden leicht verangert, wo vieler Ahorn beiſammen ſteht. Ob das nun vom frühen Abfallen der Blätter herkommt, und daß der Boden nicht genug beſchattet wird, oder von einer andern Urſache, das weiß ich nicht; wo aber der Boden verangert, da gelangen die Ahornarten ſelten zu ihrer gehörigen Vollkommenheit; und wenn ſie es thun, ſo haben ſie doch mehr Zeit nöthig.

§. 536. Bei dem Anbau der **Hainbuche** hat man einen dreifachen Endzweck zu bemerken: 1) will man Stamm- und Oberholz daraus ziehen, ſo finde ich nicht, daß es der Mühe werth ſei, ganze Oerter damit in Bestand zu sezen; denn dazu wird es doch nicht häufig genug gebraucht, oder es ist wenigstens so unumgänglich nöthig nicht; es wird also in diesem Fall genug seyn, wenn man die Wälder mit dem Saamen durchsprengt, dadurch werden hie und da wuchsige Bäume genug entstehen.

§. 537. Will man 2) die Hainbuche zu Schlagholz erzizhen, so finde ich abermal nicht, daß es rathsam sei, einen ganzen Ort damit in Bestand zu sezen, weil man eben so gutes, wo nicht besseres Schlagholz hat; wo man aber vieles Kohlholz braucht, da ist es der Mühe werth, daß man es häufig mit untersprenge, oder nach befindenden Umständen auch wohl einen Ort ganz damit besäe; auch findet dieses im dritten Fall statt, wenn man Gelegenheit hat, viele tausend junge Pflanzen zu Hecken zu verkaufen, als wozu diese Holzart vortreflich ist.

§. 538. In Gegenden, wo es an Holz fehlt, besonders in ebenen Ländern, wo das Brennholz theuer ist, und man gern geschwind dem Mangel abhelfen wollte, da ist der Anbau der Pappelarten vorzüglich anzurathen; denn hier ist der Boden gemeiniglich mäsig feucht, so wie er seyn soll; wenigstens trift man solche fruchtbare feuchte Oerter in ebenen

Ländern häufig an, und an solchen kommen die Pappeln recht gut fort.

§. 539. Will man einen Ort mit Pappeln in Bestand sezen, so sieht man zu, wie der Boden beschaffen sei; ist er mit Gesträuch bewachsen, das keinen Werth hat, so rodet man alles aus, und hackt den Boden, oder pflügt und egt ihn, und säet gleich im Junius den Saamen aus. Will man das Gehölz hernach ganz zu Schlagholz abtreiben, so kann es alle 10 bis 15 Jahre geschehen. Damit man aber auch Stammholz bekomme, so kann man bei dem ersten Abtreiben Laßreiser stehen lassen. Diese werden nach 30 Jahren schon haubar, und zu kleinen Brettblöcken können sie im Nothfall gebraucht werden.

§. 540. Die sämtliche Weidenarten sind als Brennholz betrachtet, eben so, wie die Pappeln, nur im Nothfall anzurathen; ihr Anbau ist leicht, indem man nur Steckreiser in den wasserreichen Boden einsteckt, wo sie ausserordentlich geschwind wachsen und wuchern, so, daß man den Ort alle 6 bis 8 Jahre wohl abtreiben kann; dies Einstecken geschieht folgender Gestalt: man macht mit einem nicht zu dicken Pfal ein Loch in den Boden, füllt es mit guter Walderde an, tröpfelt etwas Wasser hinein, spaltet das Steckreiß ein wenig, klemmt dann ein Getreide-Korn in den Spalt, damit er etwas von einander gehalten werde, und steckt so das Reiß hinein. Wo man viele Korbweiden verkaufen kann, da ist das Weidenpflanzen nüzlich; desgleichen, wo Bäche und Waldwasser in den Wiesen leicht einreissen, da besezt man die Ufer vortheilhaft mit Weiden, um sie zu befestigen. Die grose Werftweide soll man häufig in die eichene Schläge sezen, um Bundweiden zu Reisbündel, Stangenholz u. dgl. zu bekommen.

§. 541. **Hainbuchen, Pappeln, Weiden**, und noch andere Holzarten haben die Eigenschaft, daß sie das Kappen vertragen; unter diesem Wort versteht man die Benuzung der Bäume, wenn man ihnen oben die Krone nahe am Stamm ganz abhaut, und den ganzen Abraum als Schlag- oder Klafterholz gebraucht. Der Stamm treibt dann wieder häufige Zweige, so, daß man ihn nach einigen Jahren wieder kappen kann. Solche Stämme dauern zwar lang, allein sie werden allemal kernfaul, und dienen hernach weiter zu nichts, als zum Verbrennen. Einen Ort zu Kappbäumen anzulegen, wäre nicht wirthschaftlich gehandelt, weil der Nuze aufhört, wann die Bäume ausgehen, so, daß das ordentliche Schlagholz, welches immerwährend ist, in allem Betracht vorgezogen werden muß.

§. 542. Alle übrige Holzarten werden selten gebraucht, ganze Oerter mit ihnen in Bestand zu sezen; sie finden sich theils von selbst in den Wäldern; oder, wo man ja eine oder andere nüzliche Art anbauen will, so rathe ich lieber, daß man sie auf die schicklichste Weise den andern Hölzern einsprenge, wenn sie anders so beschaffen sind, daß sie den Wäldern nicht schaden. Ein anders ist es, wenn man weitläuftige Forsten in gutem Bestand hat, und man dann noch hier und da zur Lust, oder um nüzliche Versuche zu machen, oder Lustwäldgen anzulegen, seltenere Hölzer auf kleinen Oertern anbauet.

§. 543. Dennoch erfordert die Pflicht, daß man von allerhald Hölzern und Sträuchern einen hinlänglichen Vorrath ziehe, um seine Produkte vermanchfaltigen zu können; Zu diesem Zweck muß man nüzliche Hölzer den Umständen nach in die Reviere einsprengen. Dies geschieht, wenn man durch die Wälder geht, und überall, wo man Raum findet, daß etwas wachsen könne, der Natur des Bodens und dem Stand nach, Saamen säet oder einsteckt.

Die Holzzucht.

§. 544. Zu dem Ende nimmt der Forstwirth im Herbst einen Knecht mit; dieser trägt eine Hacke und einen Sack mit Saamen, welche gesteckt werden müssen, so wie er durch den Wald geht und ein Pläzgen findet, wo ein Buschbaum, oder Baum oder Strauch von dieser oder jener Art, so wie es der Boden und die Umstände erlauben, ohne Verhinderung oder Nachtheil des bestehenden Holzes, wachsen könne, da schlägt er die Hacke ein, und steckt so viele Saamen, als er an dem Ort für gut findet. Dies muß zur Saatzeit alle Tage wiederholt, und alle Jahre damit fortgefahren werden.

§. 545. Kleinere Saamen, die man säet, können nicht wohl durch Hackenschläge und Einstecken in die Erde gebracht werden; wo der Boden dünn, moosigt und walderbigt ist, da krazt man mit einer eng-zinkigten eisernen Kraze das Moos oder den Waldgrund etwas frisch auf, säet den Saamen hin, und krazt ihn wieder unter. Auf solche Weise kann man die Wälder in Ober- und Unterholz in guten Bestand sezen, und nachher reichlichen Nuzen daraus ziehen.

§. 546. Ich weiß wohl, daß viele Schriftsteller und auch praktische Forstmänner zwei-

2. Von der Waldsaat.

feln, ob es angehe, einen mit Oberholz wohl bestandenen Wald auch zugleich mit Unterholz anzubauen? Auf diese wichtige Anmerkung muß ich meine Gedanken sagen: man betrachte einmal die Wälder und Wüsteneien, die sich ganz allein überlassen sind, wohin selten oder niemals ein Mensch oder Vieh hinkommt, ob nicht der Boden zugleich, neben dem häufigsten Oberholz, auch mit dem allerunburchdringbarsten Distrikt sehr oft überwachsen sei?

§. 547. Auch in unsern fruchtbarsten Wäldern findet man oft sehr vieles wildes Gesträuch; sollte nun an dessen Stelle kein nüzliches gezogen werden können? Nur muß man wohl beobachten, daß man nur solches Unterholz erwähle, welches gern im Schatten wächst; daher säet man dasjenige, welches den kühlesten feuchten Schatten liebt, an die Mitternachtseiten, anderes an die Mittagsseiten, wieder anderes gedeiht gern an Klippen und Steingegenden, wo anders nichts wächst, und solche Oerter muß man damit anbauen. Gesezt auch, solches Schlagholz würde unter und zwischen andern hohen Bäumen nicht hoch und gerabschüssig, so wird es immer zu Klaster- und Kohlholz, auch zu kleinem Geräth gut genug werden.

§. 548. Daher wäre es nun die Frage: ob es nicht angienge, das Busch- oder Unterholz in den Wäldern zwischen dem Oberholz alle 16 bis 20 Jahre abzutreiben, und solchergestalt den Ort doppelt zu benuzen? Glaubwürdigen Nachrichten zufolge, ist es schon hin und wieder versucht worden. In dem Fall würde das Unterholz dem Stammholz weniger schaden, weil es den halben Theil der Zeit klein und niedrig ist. Andere widersprechen die Nüzlichkeit dieser Einrichtung; allein, es kommt darauf an, wenn etwa Versuche mißlungen sind, ob sie mit den gehörigen Holzarten, die sich zusammen schicken, angestellt worden?

§. 549. Ein Forstwirth wird allemal Plaz genug finden, ausländische nüzliche und kostbare Hölzer anzupflanzen; es lohnt sich wohl der Mühe, daß man sich damit abgebe, unsere einheimische Holzarten zu vermehren, weil viele darunter sind, die vor den unserigen Vorzüge haben; und überdas erfordert die wirthschaftliche Klugheit: die Produkten so sehr zu vermanchfaltigen, als es der höchstmögliche Absaz nur erheischen kann.

§. 550. Bis daher habe ich nun die allgemeine und besondere Kenntnisse der Pflanzen, nebst

nebst der Methode, sie anzubauen und die Wälder damit in Bestand zu sezen, gelehrt; nun ist's aber auch die Pflicht des Forstmanns, daß er alle seine Hölzer wohl bewahre, damit sie ihm nicht wieder durch eine oder andere Ursache entzogen, verdorben, oder unbrauchbar gemacht werden; sondern, daß er auch alles, was er erzogen hat, und was er in den Wäldern besizt, zu seiner Zeit zum Ertrag, und reinem Ertrag bringen möge. Alles, was er hiebei zu beobachten hat, das lehren die Heischesäze der Forsthut.

Vierter Abschnitt.
Die Forsthut.

§. 551.

Unter dem Wort Forsthut verstehe ich: die Bemühungen des rechtschaffenen Forstwirths, wodurch er den ihm anvertrauten Theil des Forstregals, nebst den sich darauf befindenden Forstprodukten, gegen jeden Verlust und Schaden sowohl fürs gegenwärtige, als zukünftige, behütet, schüzt und sichert.

§. 552. Wenn ein Forstwirth seinen Distrikt mit allen darin enthaltenen Forstprodukten behüten, schüzen und sichern soll, so muß er sowohl den Distrikt, als auch die Forstprodukte ihrer Menge und Manchfaltigkeit nach, kennen: denn wer kann das schüzen, was er nicht kennt, von dem er nicht weiß, obs da ist? Diese Kenntniß aber kann man nicht blos durch Besehen und fleissiges Besuchen erhalten, wenigstens so geschwind nicht, als es die Pflicht erfordert; unser Gedächtniß ist viel zu schwach, so viele Gegenstände in kurzer Zeit zu fassen und zu behalten.

§. 553. Derowegen muß der Forstwirth, sobald als er sein Amt angetretten hat, sich seine Instruktion, die Forstgerechtigkeit seines Distrikts, und die Forstordnung wohl bekannt machen; alle Pflichten, die ihm darin vorgeschrieben werden, mit den besten Heischesäzen der Forstwirthschaft verbinden; alles zusammen in seinem Verstand zu deutlichen, ausführlichen und vollständigen Begriffen machen, und dann mit der ganzen Kraft seines Willens ans Werk gehen, und fest versichert seyn, daß die genauste Vollstreckung aller seiner Pflichten ein wichtiger Theil seines Gottesdienstes sei.

§. 554. Um nun aufs eheste den ihm anvertrauten Distrikt mit den därin enthaltenen Forstprodukten durch und durch kennen zu lernen, muß er sich eine genaue Forstkarte machen; dies geschieht auf folgende Weise: er nimmt entweder ein gutes Astrolabium oder ein Meßtischgen, am allerbequemsten ist aber ein Kompas (Boussole) und trägt damit nach den Regeln der Feldmeßkunst ein Stück nach dem andern aufs Papier, und mißt es nach der landsüblichen Ruthen- und Morgenzahl aus. Der Kompas muß aber sehr gut und ziemlich groß gemacht werden; wenn man alsdann die gehörige Vorsicht im operiren beobachtet, so wird die Messung genau genug, in diesem Stück bin ich ein sehr erfahrner Zeuge.

§. 555. Ich, für mein Theil, würde den Kompas vorziehen, weil man geschwinder mit ihm operiren und zugleich die Lagen gegen die Himmelsgegenden genauer bestimmen kann. Ueberall zeigt man nun die **Beforchtung**, d. i. die anstossende Eigenthümer genau an, den ersten Entwurf bringt man dann, wie gewöhnlich, auf schönes Regalpapier, zeichnet den ganzen Distrikt nach dem verjüngten Maasstab aufs genaueste aus, giebt ihm durch eine aufgerissene Nordlinie seine gehörige Lage, und so erhält man eine genaue Skizze von einer Forstkarte. Der Einwurf, daß man durch das Ummessen die Erhöhungen und Vertiefungen nicht nach ihrem flächen Inhalt, sondern nur nach ihrer Basis zu Papier bringe, gilt nicht: denn da das Holz doch senkrecht steht, so wächst auf einer schiefen Fläche nicht mehr als auf der Ebene.

§. 556. Darauf untersucht man überall die Erdarten durchs ganze Revier, und bestimmt für jede Erdart eine besondere Farbe: so kann man eine gute fruchtbare Walderde mit dunkelgrün, den steinigten Boden mit blassem Tusch, den laimigten mit blaßgelb, den sandigten mit blaßbraun, den lettigten mit himmelblau, den thonigten mit blaßroth, den Moorgrund mit lichtgrün, und den gemischten Boden, durch die gemischte Farben der Erdarten illuminiren.

§. 557. Die Lagen gegen die Weltgegenden deutet die Nordlinie an, aber die schiefe oder ebene, hohe oder niedere muß entweder durch eine gute Schattirung vorgestellt oder mit Buchstaben dahin geschrieben werden. Nun trägt man aber auch den Forstbestand jedes Orts an seine gehörige Stelle ein; hiebei verfährt man folgendergestalt: man durchgehet ein Stück oder einen Ort nach dem andern, merkt überall wohl an, ob der Ort wohl bestanden, mittelmäßig bestanden, schlecht bestanden, oder gar öde sei? Ferner: wie weit sich ungefähr ein jeder Ort von einerlei Holzbestand erstrecke?

§. 558. Zugleich bemerkt man überall, wo Oberholz und Unterholz, oder beides zugleich ist, welches die herrschende Holzart sei? was sonst noch vorzüglich für Holzarten oder Gesträuche an jedem Ort wachsen, u. s. w. Alles dies trägt man auf die Karte gehörigen Orts ein; z. B. die Lage bedeutet man durch

Schattirung, oder grose Fraktur; den Bestand mit kleinerer, die andern Umstände mit der kleinsten, so würde ich etwa folgende Ausdrücke gebrauchen:

1. Die Lage: gäh, abschüssig.
2. Den Holzbestand: wohl mit Oberholz an Eichen bestanden, mit Buchen durchsprengt; an Unterholz, hin und wieder hainbüchene, masholderne Sträucher.
3. An einzelnen Bäumen: eine grose schöne Eiche, Buche, Apfel- Birn- oder anderer Baum.

Denn ich würde jedes seltene Gewächs auf der Karte an seinem gehörigen Ort andeuten, und von Jahr zu Jahr da eintragen, was ich etwa besonders entdeckte. Blösen, Heiden, Klippen, altes abständiges oder junges wuchsiges Holz, das alles müßte bestimmt werden.

§. 559. Wenn sich nach und nach durch eine gute Forstwirthschaft alles im Distrikt verändert, so, daß man Blösen, Heiden, lichte und schlecht bestandene Oerter abgetrieben, oder alles in Schläge getheilt hat, so trägt man den Distrikt von der ersten Karte auf einen neuen Regalbogen, und füllt nun alles nach dem jezigen Bestand aus; und so verändert der Forstwirth seine Karte, so oft als sich sein Revier merklich verändert.

Die Forsthut.

§. 560. Der Forstwirth thut wohl, wenn er seine Karte doppelt verfertiget, und jedesmal Eine seinem Fürsten oder dem Forstamt überschickt. Eben so schön und nützlich würde es seyn, wenn sich der Regent oder das Forstkollegium von jedem Forstbedienten eine genaue Karte verfertigen und einhändigen liesse. Dadurch würde man gleichsam einen Atlas vom ganzen Forstregale erhalten, und also vom Forstzustand aufs genaueste urtheilen können.

§. 561. Diese Karte ist aber noch nicht genug: der Forstwirth muß nun auch ein höchst genaues Journal oder Tagebuch halten: hier schreibt er von Tag zu Tag alles umständlich an, was er im Wald thut oder bemerkt, was er ansäet, oder verpflanzt, oder verkauft, desgleichen, wo ein Schaden geschehen, oder wo was vortheilhaftes zum Vorschein gekommen ist. Dies Journal dient ihm zum Grund- und Lagerbuch seiner Verwaltung. Sehr gut ist's, wenn er den Holzbestand jedes Orts würdert und in sein Buch einträgt, so, daß er gleichsam ein Inventarium von seinem Distrikt habe. Hiebei ist aber nicht nöthig, auch nicht möglich, daß er jeden Baum besonders anschlägt; genug, wenn er den allgemeinen Holzbestand jedes Orts auf den Morgen, nach

Klaftern, Maltern, Brett- oder Kubik-
schuhen nur beiläufig schäzt und aufschreibt.
Dies Würdern nach dem Augenmaas erfordert viele Uebung: wenn der Forstwirth auf
guten, mittelmäsigen und schlecht bestandenen Oertern ein paarmal abgetrieben hat,
und dann bemerkt, wie viel Holz er auf einem
Morgen bekommen hat, so erlangt er nach
und nach eine Geschicklichkeit darin.

§. 562. Wenn der Forstwirth diese vor-
bereitende Bemühungen zu seiner Verwaltung
vollendet hat, und nach meiner Anweisung
zur Holzzucht, überall die zweckgemäseste Erziehung des Holzes unabläffig besorgt, so muß
er nun ein beständig wachsames Aug auf alles haben, damit er alles dasjenige, was er
in seinem Distrikt besizt, auch zur Forstnuzung vollkommen erhalten möge. Die Heischesäze, welche er hier zu befolgen hat, enthält die Lehre vom Forstschuz.

1. Vom Forstschuz.

§. 563. Da der Forstschuz die Bemühungen enthält, durch welche der Forstwirth alles dasjenige, was er in seinen Distrikten an nüzlichen Produkten besizt, zur Forstnuzung zu behalten, und sich diesen Besiz zu sichern trachtet, so muß er die Gefahren kennen lernen, gegen welche er seinen Distrikt schuzen muß. In soferne er nun diese Gefahren abwenden kann, muß er keine Mühe schonen, im Gegentheil aber die Hindernisse so unschädlich zu machen suchen, als möglich ist.

§. 564. Ich will zu dem Ende die Hindernisse und Gefahren, welche der Forstwirth bei dem Forstschuz vornämlich zu bemerken hat, anzeigen, und zugleich die dienlichsten Mittel lehren, dieselben entweder ganz abzuwenden, oder doch unschädlicher zu machen. **Die erste Hinderniß einer guten Forstwirthschaft ist die übermäsige Hegung des Wildes.**

§. 565. Wenn das Wildpret in den Waldungen stark gehegt wird, so entsteht daher nicht nur ein unsäglicher Schaden in der allgemeinen Landwirthschaft des Staats, sondern auch in dem Forstwesen selber. Das junge Gehölz wird zu Grund gerichtet, der Anflug

und der Aufschlag, desgleichen die junge Loh=
den werden abgebissen, und also mehr Scha=
den verursacht, als die Jagd einbringt. Da
man dieses aber nicht so bald merkt, sondern
der Nachtheil vorzüglich auf die Nachkommen=
schaft fällt, so wird auch dem Uebel nicht son=
derlich vorgebeugt; welches aber nicht zu ver=
antworten ist.

§. 566. Diese Hinderniß kann freilich ein
einzelner Forstwirth nicht aus dem Weg räu=
men, aber er kann doch seinen Fürsten unter=
thänigste Vorstellungen und Vorschläge ma=
chen; und wenn diese nicht helfen, so muß er
durch fleissigeres Ansäen und sparsames Haus=
halten den Schaden zu ersezen suchen. Wür=
den die Fürsten ihre Jagdlust auf eingezäunte
Thiergärten einschränken, übrigens aber durchs
ganze Forstregale das Wildpret selten machen,
so würde diese Hinderniß gänzlich gehoben seyn.

§. 567. Die Gemein=Weyden sind ei=
ne wahre Pest des Forstwesens: die mauch=
faltigen Heerden des Hornviehes, der Schaa=
fen, Ziegen und Schweine, welche Tag für
Tag die Wälder durchstreichen, beissen eben=
falls das junge Gehölz ab, und lassen nichts
in die Höhe kommen. Daher entsteht all das
strupp chte Gesträuch in den Wäldern. Die=
sem Uebel ist nicht anders, als durch eine gänz=

1. Vom Forstschuz

liche Verbesserung der Landwirthschaft abzuhelfen, und diese muß mit äusserster Behutsamkeit vorgenommen werden.

§. 568. Die Abschaffung der Gemein-Weyden, auf einmal vorgenommen, würde den gänzlichen Ruin der Landwirthschaft und des Staats nach sich ziehen, weil der Bauer für den Sommer kein Futter hat; daher muß die Polizei allmählig den Kleebau, die Verbesserung der Wiesen und die Stallfütterung einführen, auch so, wie sie zunimmt, nach und nach die Gemein-Weyden einschränken, und endlich gar aufheben. Indessen muß der Forstwirth junge Oerter, die er angepflanzt hat, desgleichen junge Schläge, mit dem strengsten Forstbann belegen, und genaue Wache halten, auch wenn er findet, daß jemand durch Fahrlässigkeit, oder gar mit Vorsaz sein Vieh auf solche Oerter gehen läßt, so muß er nach Befinden die härtsten Strafen veranstalten.

§. 569. Da nun ein rechtschaffener Forstwirth durch fleissiges Ansäen und den Anbau des jungen Gehölzes nach und nach die Gemein-Weyden schmälert, so muß er durch Güte und andere angenehme Mittel, auch, wenn er kann, durch sein eigenes Beispiel den Kleebau und die Stallfütterung einführen; ferner, durch geziemende Vorstellung des grosen Nuzens, die Obrigkeit zu diesem Zweck in Bewegung sezen, bis er nach und nach diese wichtige Hinderniß so viel möglich überwunden hat.

§. 570. Eine hauptsächliche und vielleicht die Hauptquelle vieler Hindernisse ist die allgemeine, von unsern Voreltern angeerbte Denkungsart, in Absicht auf das Forstwesen: sehr selten findet man einen Forstmann, der entweder sein Regale gehörig zu benuzen versteht; oder doch, wenn er's versteht, wegen vieler Hindernisse, benuzen kan und will. Daher haben die Fürsten und Regierungen die Erfahrung noch nicht davon, was ihnen der Schaz der Wälder einbringen könnte, wenn sie pfleglich behandelt würden.

§. 571. Wenn einmal ein rechtschaffener Forstwirth viele Jahre nach einander hausgehalten, und jährlich eine ansehnliche Summe in die Kasse geliefert hätte, so würden der Regierung die Augen aufgehen, und man würde bei Bestellung der Aemter auf solche Männer sehen, welche eben das zu leisten fähig wären; so lang man aber blos den Jäger zum Förster macht, so lang ist wenig oder nichts zu hoffen.

§. 572. Ueber das alles kommt noch hinzu, daß fast jedermann den Wald als ein Ge-

1. Vom Forstschuz.

mein-Gut betrachtet; freilich hat die Schärfe der Jagdordnungen den Bauer schon so scheu gemacht, daß er seine Hand selten an irgend eine Art von Wildpret legt; aber Gehölze, und alles, was davon herkommt, eignet er sich zu, so gut er kann; er hält's nicht für Sünde, weil ihm von seinen Urahnen her der Begrif noch anhängt, der Wald sei gemeinschaftlich.

§. 573. Es giebt auch Bauernhöfe und Dörfer, welche so zu sagen unmöglich den herrschaftlichen Wald missen können, indem sie, wegen Mangel an anderer Nahrung, selbige zum Theil aus dieser Quelle erhalten müssen. Dies ist immer ein Fehler, der ehmals in der Staatswirthschaft begangen worden, als man bei geringerer Bevölkerung und grosen Wüsteneien gar nicht daran dachte, die Leute vom Genuß des Gewäldes abzuziehen, daher haben sich solche Oerter angebaut, und ganze Familien angesezt, welche nun ohne den Waldfrevel nicht leben können.

§. 574. Alle diese Hindernisse sind wichtige Gegenstände des Forstamts, wenn sie so gehoben werden sollen, daß der Unterthan keinen verderbenden Stoß dadurch bekomme, und doch nach und nach von solchen Gedanken abgebracht werde. Ein Mann, welcher mit erleuchteten Einsichten seine Reviere auf die beste Weise verwaltet, der kann's dem Fürsten und der Regierung begreiflich machen, wie hoch das Forstwesen zu schäzen sei? Dadurch sollte aber auch die gesezgebende Gewalt in Uebung gebracht werden, um nach und nach alle Hindernisse aus dem Wege zu räumen.

§. 575. So lang noch hie und da in den Wäldern Fallholz fault und zu Erde wird, so lang läßt sich der Landmann nicht überreden, daß es Sünde sei, Holz zu freveln; sobald aber der Förster Holzsaamen säet, sorgfältig die Reviere in Bestand sezt und benuzt, sobald geräth auch der Unterthan in Furcht, und sieht jezt ein, daß es nicht recht sei, wenn man sich eines Andern Eigenthum zueignet, das er selbst hochschäzt.

§. 576. Denen Bauern, welche sich auf die Bennzung des Waldes verlassen, und darauf angebaut haben, muß man Anleitung und Unterricht zur Landwirthschaft geben, und sie zum Kleebau und zur Stallfütterung anhalten, damit sie sich ohne Waldfrevel ernähren können; ja es wäre allemal besser, ihnen hinlängliche Pläze an bequemen Orten zum Urbarmachen anzuweisen. Diese Güter würden alsdann aus einem Regale in Domänen- oder Kammergüter verwandelt, mithin ebenwohl dem Fürsten

1. Vom Forstschuz.

einträglich. Es versteht sich aber von selbst, daß dieß nur angeht, wo grose Waldungen sind; an andern Orten findet man aber auch solche Bauern nicht.

§. 577. Eben diese ofterwähnte Leichtsinnigkeit in der Forsthaushaltung ist auch schuld an dem unverantwortlichen Mißbrauch des Holzes. Wenn man ein neues Haus bauen will, so denkt man an nichts weniger, als an Ersparung des Holzes; und man betrachtet nicht, daß man mit einem Produkt umgehe, woran die Natur Jahrhunderte gearbeitet hat, um es zu vollenden, und daß sie wieder eben so lange Zeit brauche, um ein neues zu Stand zu bringen. Daher muß der Forstwirth Polizeiordnungen zu veranstalten suchen, damit man so viel möglich gemauerte Häuser baue, besonders wo der jährliche Holzertrag ohnehin nicht gros ist.

§. 578. Vielleicht denkt mancher, es sei gleichgültig, wozu das Holz verwendet würde, wenn's der Fürst nur bezahlt bekomme. Allein, das ist nicht wirthschaftlich gedacht: unten bei der Forstsicherung wird's klar werden, daß ein rechtschaffener Forstmann jährlich nur einen bestimmten Theil Holzes haben könne; ist nun der Absaz viel gröser, als dieser bestimmte Ertrag, so muß man da sparen, wo man kann, und besonders ist das die Pflicht des Einheimischen, damit man destomehr ausländisches Geld ziehen, oder das Holz zu nöthigern Befriedigungsmitteln verwenden könne.

§. 579. Mit dem Brandholz geht man eben so verschwenderisch um, besonders wenn man nahe bei dem Wald wohnt; sobald der Förster nicht bei der Hand ist, fährt der Bauer in den Wald, haut das erste beste Stück nieder, führt's nach Haus und schlägt's zu Scheitern, oder verkauft es in die Stadt. Wird er ertappt, so kommt er in die Waldrüge; hier bezahlt er nun durch seine Geldstrafe nicht den zehnten Theil so viel, als er gefrevelt hat, mithin fängt er den Tag nach der Waldrüge wieder an.

§. 580. Entweder hat der Inwohner des Staats das Recht, sein Brand- oder auch Nuz- und Werkholz umsonst aus dem Wald zu geniessen; oder er hat kein Recht dazu. Im ersten Fall kann dies Recht doch nicht so weit ausgedehnt werden, daß es der Inwohner bolen darf, wo er will; daher muß er's sich vom Forstwirth anweisen lassen, und zwar nur so viel, als er bei einer ordentlichen Wirthschaft gebraucht, oder als ihm das Recht bestimmt. Der Forstwirth muß ihm alsdann beim jähr-

lichen

lichen Abtrieb, oder zwischen der Zeit, dasjenige anweisen, was dem Forstertrag am wenigsten Schaden thut, und er doch ordentlich gebrauchen kann.

§. 581. Im andern Fall, wo der Inwohner gar kein Recht hat, sein nothwendiges Holz aus dem Wald zu ziehen, da muß man verjährte schlimme Gewohnheiten abzuschaffen suchen. Das dürre Holz, welches jährlich von den Bäumen häufig abfällt, erlaubt man den armen Leuten aufzulesen; Vermögendern weist man abständiges zu Brandholz an, und läßt sie's gegen einen billigen Preis bezahlen, oder im Wald dafür arbeiten.

§. 582. An vielen Orten hat sich von je her der Fehler in der Landwirthschaft eingeschlichen, daß der Bauer keine Streu unter sein Vieh erzieht; das bekümmerte ihn aber auch nie; er dachte nicht auf Mittel dagegen, weil ihm der Wald nahe war, und er sich also mit Laubscharren und Plaggenhauen leicht helfen konnte. Dem Forstmann lag zu der Zeit auch nicht viel am Holzbau, der Bauer that ihm Guts, ein paar Berichte an das Forstamt, oder noch andere heimlichere Wege, würkten dem Laubmann ein Privilegium aus, seine Streu aus dem Wald zu ziehen.

§. 583. Beides, Laubſcharren und Plaggenhauen iſt Verderben für den Wald, weil ihm dadurch die Dungmittel benommen werden. Solche Privilegien ſind alſo immer ſchädlich, und auf ungerechte Weiſe gegeben und genommen worden. Doch aber muß man ſie nicht auf einmal, ſondern nach und nach einziehen, damit der Bauer erſt ſeine Landwirthſchaft in Stand ſezen könne, um durch vermehrten Futter- oder Klee- und Getreidebau ſich ſelber Streu zu erziehen; alsdann kann auch das ſchädliche Laubſtreifeln verboten werden.

§. 584. Wo Landſtraſſen durch den Wald gehen, ſolche aber nicht gehörig im Stand erhalten werden, da pflegen die Fuhrleute auszubrechen, und Schleich- oder Nebenwege zu machen; dadurch aber wird ungemein vieler Schaden gethan. Das ſicherſte Mittel dagegen iſt die Einrichtung guter, breiter, mit Graben eingefaßter und dichter Chauſéen (Hochwege).

§. 585. Ein vorzüglicher Gegenſtand des Forſtſchuzes, der nicht vom einzelnen Forſtwirth, ſondern vom Fürſten oder ſeinen niedergeſezten Kollegien gehoben werden kann, iſt, wenn man Leute zu Forſtbedienungen zuläßt, die die Forſtwirthſchaft nicht verſtehen.

Dies geschieht gar oft, indem man vornehmen Leuten, welche nichts gelernt haben, gern ein ansehnliches Amt, und mit demselben Brod verschaffen will. Wenn's hoch kommt, so lesen sie ein oder anderes Buch, bekommen so ein paar schwache Begriffe, und da sie doch jährlich gern eine Summe Geld in die Kasse liefern möchten, so geht's über den Wald her, eine Menge Oberbäume wird ausgeplentert, lüderlich und unbesonnen veräussert, und so nach und nach der Vorrath erschöpft.

§. 586. Mit den niedern Forstbedienungen geht's oft nicht besser: ein Jüngling glaubt sehr oft, die Forstwissenschaft zu verstehen, wenn er einige Jahre die Flinte und den grünen Rock getragen hat; man sieht ihm hernach durch die Finger, um ihm zu Brod zu verhelfen. Das alles wär sehr gut, wenn das Intresse des Fürsten, des Staats, und der Nachkommenschaft nicht darunter litte. Es wäre demnach viel besser, daß man einen solchen jungen Menschen gleich anfangs seinem Beruf rechtschaffen wiedmete, damit man ihn mit gutem Gewissen empfehlen, er aber auch mit gutem Gewissen sein Amt möge verwalten können.

§. 587. Die bisherigen Hindernisse einer guten Forstwirthschaft rühren von Menschen her, wogegen der Forstmann seine Reviere in allen diesen Fällen zu schüzen hat. Es giebt aber auch manchfaltige Zufälle in der Natur selber, die die Wälder ruiniren, und ihnen schädlich werden können; daher muß sie der Forstwirth nicht nur kennen lernen, sondern ihnen auch, soviel als möglich ist, durch einen guten Schuz begegnen können.

§. 589. Es trägt sich mehrmalen zu, daß eine Seuche der Verdorrung unter die Bäume kommt, welche ordentlich ansteckt, wie die Pest unter Menschen und Thieren. Woher dieses entstehe, darüber wird mancherlei gemuthmaßt; am wahrscheinlichsten ist, daß zu dieser Krankheit ebenfalls ein Miasma gehöre, welches, wie alle andere, für unsere Sinnen zu fein ist. Der beste Rath dagegen ist, daß man den angesteckten Ort, so bald man diese Krankheit bemerkt, je eher je lieber abtreibe, alles mit der Wurzel ausrotte, und alsdann wieder neu beside und bepflanze.

§. 590. An Sommerwänden, besonders wenn sie gäh und abschüssig sind, und recht an der Sonne liegen, kann oft hie und da ein Baum verdorren. Zu diesem Schaden giebt Anlaß, wenn durch Laubscharren und andere Ursachen die Wurzel der Bäume entblößt und von der Sonne ausgetrocknet werden. Vor-

1. Vom Forſtſchuz.

züglich iſt dieſem Uebel der Mantel des Waldes unterworfen, weil er nicht beſchattet ſteht. Unter den Holzarten trift dieſe Krankheit die Fichten am leichteſten.

§. 591. Da nun dadurch viele Bäume im heiſen und trockenen Sommer verlohren gehen können, ſo muß man 1) an ſolchen Orten das Laubſcharren am wenigſten dulten; 2) den Wald recht dicht mit Holz in Beſtand halten; 3) den Mantel des Waldes mit tiefwurzelnden und ſchattigten Bäumen beſezen; und 4) iſt es gar nüzlich, wenn man Vorhölzer von Schlagholz anlegt, wodurch der Mantel gedeckt wird.

§. 592. Beſonders leidet das Nadelholz durch den Borkenkäfer: dieſer macht zwiſchen der Rinde und dem Splint Gänge, wodurch der Baum rindſchälig wird und verborret. Ob dieſes Uebel durch Erſchütterung von ſtarken Winden herkomme, worauf eine lange Trockene folgt, ſo, daß der Wurm nur eine Folge des Verderbens, nicht aber eine Urſache deſſelben iſt; oder, ob er zu gewiſſen Zeiten, oder durch gewiſſe Zufälle ſich an den Bäumen erzeuge, und ſo die Urſache des Verderbens werde, das läßt ſich nicht entſcheiden. Da nun das Uebel nicht vorher geſehen, und alſo verhütet werden kann, ſo iſt weiter kein

Rath, als daß man solche verunglückte Blume so gut benuze, als man kann; indessen aber die Wälder fleissig durchstreiche, und acht gebe, damit solche Bäume nicht ganz verdorben werden.

§. 593. In den Nadelhölzern entsteht oft eine Verdorrung durch den Wind, wenn er beständig auf unbeschirmte Bäume stößt, sie immer hin und her wiegt, und also die Wurzeln los werden. Daher muß der Forstmann sorgen, daß der Nadelwald dicht und wohl bestanden sei, und einen guten Mantel habe.

§. 594. Aus vielen Ursachen verdorret endlich ein Nadelholzbaum für Alter, wenn er überständig wird. Dies ist allemal ein Fehler des Forstmanns, der soll nie einen Baum überständig werden lassen, sondern ihn zu gehöriger Zeit fällen.

§. 595. Wenn ein Baum eisklüftig wird, so kann er leicht verdorren; desgleichen alle Krankheiten der Bäume bringen entweder Verdorrung oder schleunige Fäulung. So lang das Uebel an den Zweigen ist, kann man durch Abschneiden derselben helfen; ist es aber am Stamm, so ist kein anderer Rath, als daß man den Baum je ehender je lieber be-

1. Vom Forstschuz.

unze, oder einen oder mehrere andere an die Stelle seze.

§. 596. Feuersbrünste in den Wäldern richten oft grosen Schaden an, und diese entstehen allemal aus Vernachläßigung. Es sind ungegründete Ausreden unverständiger Leute, wenn sie behaupten, ein Wald könne sich von langwieriger Trockene und Sommerhize von selbst entzünden. Wie oft würde alsdann ein altes bemoostes Strohdach anfangen zu flammen, wenn das Grund hätte? und wie würde es in diesem Fall in dem hizigen Erdstrich aussehen? Allemal ist unvorsichtiges Tabackrauchen und Anzündung des Feuers, oder sonst etwas Schuld an solchem Unglück.

§. 597. Derowegen muß der Forstmann an solchen Orten, wo die Polizei dergleichen Veranstaltungen noch nicht getroffen hat, strenge Befehle auswürken: daß niemand bei trockenem Wetter in der Nähe des Waldes Feuer anzünden, bei dem Kohlbrennen, Aschebrennen, Pech- und Theerbrennen u. s. w. alle Vorsicht gebrauchen solle, und daß das unnöthige Tabackrauchen im Wald zu solchen Zeiten schlechterdings unterlassen werde. Zu Aufrechthaltung dieser Befehle muß alsdann der Forstwirth pflichtmäsigen Schuz ausüben.

S 4

§. 598. Wenn aber dem allem ungeachtet Feuer auskommt, so muß schleunig Rath geschaft werden. Gemeiniglich ist in Polizei- und Forstordnungen dafür gesorgt; wenn's aber noch nicht geschehen ist, so muß der Forstwirth gleich bei dem Antritt seines Amts, besonders wenn er Nadelreviere hat, die dem Brand vorzüglich ausgesezt sind, sorgen, daß heilsame Verordnungen gemacht werden; und dazu muß er, nach Gelegenheit des Orts und Beschaffenheit der Umstände, Vorschläge geben können; und besorgen, daß die erhabene Befehle an gehörigen Orten abgekündigt, und diese Abkündigung öfters wiederholt werde.

§. 599. Die nöthigsten Stücke einer Forst-Brandordnung sind folgende: Man muß eine wichtige Prämie auf die Entdeckung der Veranlassung des Brandes sezen, und wenn sie der Angeber ganz richtig beweißt, so muß die Prämie unnachläßlich bezahlt, und wenns nöthig ist, sein Name verschwiegen werden, der Urheber des Brandes muß alsdann nach Befinden exemplarisch gestraft werden. Alsofort, sobald der Brand entdeckt worden, muß die Sturmglocke geleitet werden; doch bei empfindlichen Gemüthern kein unnöthiges Schrecken zu verursachen, muß ein Zeichen bekannt seyn, woran man erkennen kann, daß der Wald brenne.

1. Vom Forstschutz.

§. 600. Wenn keine Sturmglocken in der Nähe sind, oder auch nicht weit genug gehört werden können, so müssen alle diejenigen, welche Pferde haben, aufsizen, und es in der umliegenden Gegend bekannt machen. Doch muß man Landfuhren auf der Strase nicht anhalten; diese Leute sind erstlich nicht verbunden, zu helfen, und anderntheils gehet ihnen oft zu viel Schaden auf. Eben so müssen reitende, gehende und fahrende Posten, auch die Reisenden, verschont werden.

§. 601. Alle diejenigen, welche nur einigen Genuß aus dem Wald haben, als da sind anwohnende Städte, Dörfer und Höfe, Kohl-Theer- Pech- und Potaschebrenner, Scheitschläger u. dgl. müssen bei Verlust ihres Genusses, auch wohl bei Strafe, alsofort in den Wald und arbeiten. Auch Ausländer, welche nahe am Wald wohnen, sollen zum Löschen angehalten werden, wenn sie Genuß aus dem Wald haben, bei Verlust dieses Genusses. Auch ist's gut, wenn man mit solchen Leuten, oder ihrer Obrigkeit auf dergleichen Fälle hin Verträge macht.

§. 602. Der Forstwirth muß alsdann die Löschung selber regieren, und auf solche Fälle Autorität haben, befehlen zu dürfen. Das Löschen geschieht, wenn man auf der

Seite vom Wind ab, gegen welche der Brand fortgeht, alles rein abhaut, Moos und Heide abhackt, oder einen breiten tiefen Wall gegen das Feuer aufwirft, und es mit der Erde dämpft. Andere müssen es mit Büschen ausschlagen, und wenn Wasser in der Nähe ist, so kann auch mit Brandspritzen oben in den Oberbäumen und durch Ausgießen auf den Boden geholfen werden.

§. 603. Wenn das Feuer gedämpft ist, so darf man doch die Brandstätte noch nicht verlassen, sondern der Forstwirth muß sichere Leute dabeistellen, die sie gehörig bewachen, bis alle Gefahr verschwunden ist; und wenn einer oder der andere sich durch besondern Fleiß hervorgethan hat, so muß er ihn nach Verhältniß belohnen, oder nach Befinden darüber berichten, um einem solchen redlichen Mann eine ausserordentliche Wohlthat zu verschaffen.

§. 604. Da solche Brandstätten in den Nadelwäldern sehr langsam wieder junges Holz ziehen, weil die Wurzeln und Stämme keine Lohden treiben, so muß der Forstmann den Ort hacken und roben lassen, ihn bei erster Gelegenheit wieder besäen, und ihn alsdann wie einen jungen Ort oder Gehau behaudeln und befriedigen, oder mit dem Forstbann belegen.

§. 605. Bei wohlverpflegten Nadelholz- und andern Wäldern verursachen die Sturmwinde selten Schaden; dennoch aber soll der Forstwirth während dem Stürmen sich in die Gegend verfügen, welche dem Wind am mehresten ausgesezt ist; und wenn er etwa einen Baum bemerkt, der sich loswurzelt und wakelt, so muß er ihn alsofort zeichnen und fällen, ehe der Wurm hinein kommt, und den Baum verdirbt, die Stelle aber mit jungen Pflanzen besezen oder besäen.

§. 606. Bei starken Schneefällen pflegen Schneebrüche zu entstehen, so, daß Aeste brechen; derowegen muß der Forstmann die Wälder durchgehen, und, wo er dergleichen bemerkt, nach Befinden verfahren, entweder den gebrochenen Ast abhauen, oder, wenn der Baum ohne Hofnung ist, denselben fällen, oder besser ausroden, die Stelle aber wieder bepflanzen lassen, u. s. w. Andern Baumkrankheiten und Schäden kann der Forstwirth überhaupt nicht besser begegnen, als wenn er den Baum benuzt, ehe er verdorben ist, und die Stelle wieder mit jungem Holz anbaut.

§. 607. Wenn nun solchergestalt der Forstwirth mit reger Thätigkeit nicht nur beständig fort seinen Distrikt durch eine gute Holzzucht in immer besserm Bestand sezt, und durch den besten Forstschuß alles, was er hat, wohl bewahrt und zu erhalten sucht, so muß er sich auch jährlich, oder von Zeit zu Zeit, einen guten Ertrag, zum Besten der Forstkasse, auszusondern wissen. Allein, wie viel Holz darf er jährlich benuzen? wo und auf welche Art soll das geschehen, damit er seinen Distrikt nicht ausholze, und seine Nachfolger entweder lauter unreifes, oder gar kein Holz, oder doch nicht zu ihren Bedürfnissen hinlängliches vor sich finden? Die Heischesäze, welche diese Frage beantworten, enthält

2. Die Forstsicherung.

§. 608. Die Forstsicherung begreift die Bemühungen in sich, vermög welcher der Forstwirth bestimmt und festsezt, an welchen Orten seines Distrikts, wie viel und welches Gehölz er alle Jahr abtreiben dürfe, damit der jährliche Forstertrag von nun an auf immer dem höchstmöglichen Absaz, so viel möglich ist, genugthue. Dies ist eines der wichtigsten und zugleich schweresten Stücke der Forstwirthschaft.

§. 609. Ein Forstrevier oder Distrikt hat

2. Von der Forstsicherung. 285

gemeiniglich altes, mittelmäsiges, oder wuchsiges, und junges Holz vermischt durcheinander. Dieser Ort besteht mehrentheils oder ganz aus Buschholz; jener mehrentheils oder ganz aus Oberholz; ein anderer hat vorzüglich viele Eichen; noch ein anderer Nadelholz; wieder ein anderer Buchen oder andere Holzarten, oder die Oerter sind ganz vermischt.

§. 610. Auf der andern Seite besteht der jährliche Absaz entweder größtentheils aus Klafterholz zum Verbrennen, Kohlbrennen, u. s. w. oder vorzüglich aus Stammholz, oder auch aus beiden Gattungen zusammen. Ferner: dieser Absaz ist entweder sehr stark gegen den Holzertrag, oder schwach, oder mittelmäsig. Endlich erfordert jede Gattung entweder bestimmte Holzarten, als zum Verkohlen, zum Häuser- oder Wasserbau, oder es ist willkürlich. Alle diese Umstände muß sich der Forstwirth aufs genaueste bekannt machen und seine Maasregeln darnach nehmen.

§. 611. Im Fall ein Distrikt schon recht pfleglich eingerichtet ist, so hat der Forstwirth eine Richtschnur vor sich, deren er nur folgen, oder, wenn's nöthig ist, verbessern darf. Wo aber noch gar keine Einrichtung getroffen ist, da muß er sie selbst machen; und auf diesen

Fall will ich meine Heischesäze gründen, und lehren, wie er sich verhalten müsse, wenn er seiner Pflicht Genüge thun will.

§. 612. Wenn der Forstwirth sein Amt antritt, und keine ordentliche Einrichtung findet, so durchgeht er seine Reviere, und zeichnet alle Bäume, welche abständig sind, und ohne Verlust nicht länger stehen können. So wie er nun Gelegenheit zum Verkauf hat, so läßt er einen nach dem andern zu rechter Zeit fällen; was gutes Baum-, Brett- oder Nuzholz ist, das bestimmt er zu dem Zweck, wozu es am dienlichsten ist; der Abraum giebt ihm sodann Klafterholz. Zugleich wird er auch kernfaule und andere unbrauchbare Stämme finden, die er, wenn sie zu nichts anders dienen, auch ins Klafterholz schlägt.

§. 613. Im Fall er aber Kohlen zu liefern hätte, so, daß er im Wald einen oder mehrere Meiler sezen müßte, wozu ein Baum nicht hinlänglich, so erwählt er dazu einen Ort, wo mehrere abständige Bäume in der Nähe beisammen stehen; fände er deren nicht genug, so nimmt er einen oder den andern von den ältesten nicht mehr wachsenden und unbrauchbarsten Bäumen dazu, bis er genug hat.

2. Von der Forstsicherung.

§. 614. Wenn die abständigen Bäume benuzt sind, dann ist's Zeit, daß der Forstwirth eine Eintheilung mache. Durch das Wort Schlag verstehe ich einen bestimmten Nadel= oder Buschholz=Ort, der entweder ganz abgetrieben wird, oder wo man nur einzelne Laßreiser stehen läßt. Ein Gehau aber bedeutet einen vom Forstwirth abgepläzten Laubholzort, der vorzüglich mit Oberholz bestanden ist, und wo man nur die vollkommene Stämme abhaut, das wuchsige Holz aber stehen läßt.

§. 615. Ich will zuerst von den Schlägen handeln. Wenn ein Distrikt Nadelholzwälder hat, so ist es der Zweck der besten Forstwirthschaft, daß man so haushalte, damit man alle Jahr, so viel als möglich ist, gleichviel Holz abzutreiben habe, und der Vorrath noch immerzu eher vergrösert, als vermindert werde. Da nun das Nadelholz am Stamm nicht ausschlägt, und man also von dieser Seite her keinen Widerwuchs zu erwarten hat; ferner, da sein Saame fliegend ist, und vom Wind weggeführt wird; und endlich, da ein Nadelholzwald leicht dorrt, wenn er nicht dicht bestanden ist, weil der Wind die einzelnen Bäume loswurzelt, so ist's am besten, wenn man einen Nadelholzort ganz rein und kahl abtreibt.

§. 616. Daher überschlägt der Forstwirth sein ganzes Nadelholzrevier, und theilt es in so viel Theile ein, als die Holzart Jahre zu ihrer Vollkommenheit erfordert. Diese Eintheilung hat aber auch ihre Regeln: denn, weil die Laßreiser oder Saatbäume zu einzeln stehen, so, daß sie dem Wind zu sehr ausgesezt sind, und da der Saamen nur bei den Süd- und Westwinden ausfliegt, so hat man von ihnen keine regelmäsige Besaamung zu erwarten; man muß daher den Schlag so einrichten, daß er von dem Nadelholzwald selber besäet wird.

§. 617. Weil die Saamen des Nadelholzes von den Winden, die von Süden bis in Westen wehen, weggeführt oder gesäet werden, so ist klar, daß der Schlag von der Natur besäet werde, wenn man an der nordöstlichen Seite des Waldes abzutreiben anfängt, und den Schlag gerad so breit macht, als der Nadelholzsaame fliegt. Die Länge muß alsdann durch die Morgenzahl des Nadelwaldes bestimmt werden. Daher sind diese Schläge Parallelogrammen gleich, deren Gröse bestimmt wird, wenn man mit der Zahl des Alters der Bäume in die gesammte Morgenzahl der Nadelholzwälder dividirt; und die Länge entsteht, wenn man mit der Ruthenzahl

2. Von der Forstsicherung.

zahl der Breite in die gesammte Ruthenzahl des Schlags dividirt.

§. 618. Gesezt, man habe 10,000 Morgen Nadelholzwald, den Morgen auf 160 Ruthen gerechnet; nun nehme ich 100 Jahre an, welche das Nadelholz zu seiner Vollkommenheit nöthig hat; folglich muß ich 100 Schläge machen, wenn ich, nachdem ich das ganze Revier einmal abgetrieben habe, wieder reifes Holz vorfinden soll: ich dividire also mit 100 in 10,000, und bekomme 100 Morgen zum jährlichen Abtrieb.

§. 619. Nun weiß ich, daß ich 100 Morgen Wald jährlich abtreiben kann; ich weiß, wo ich damit an jedem Stück anfangen muß, nämlich an der Nordostseite; ich weiß auch die Breite, die der Schlag haben muß, wenn ihn die Winde ganz sollen übersäen können; ich rechne diese Breite beinah 500 Rheinländische Schuh, oder auch nur 30 Ruthen zu 16 Schuh gerechnet; jezt ist's leicht, die Länge des Schlags zu finden: 100 Morgen zu 160 Ruthen enthalten 16,000 Quadratruthen; diese Zahl mit 30 dividirt, giebt mir $533\frac{1}{3}$ Ruthen zur Länge des Schlags.

§. 620. Wenn der Wald, wie gewöhnlich, ein irreguläres Vieleck ist, so mißt man sich an der Nordostseite seine 100 Morgen ab,

Forstwirthschaft 1Th.   T

so, daß die innere Linie gerad und ihre 533⅓ Ruthen lang ist; in Ansehung der Breite verhält man sich so, daß die äussere krumme Linie eben so viel an Inhalt ausser der Linie des Quadrats falle, als innerhalb; was ausserhalb fällt, und vom Wind nicht besäet wird, das muß der Forstwirth besäen. Dies betrift nur die äussersten Schläge; die folgenden, welche mitten in dem Wald fallen, können genau ihre Länge, Breite, und gehörige viereckigte Figur haben.

§. 621. Wäre der Wald nur etwas breiter, als die Länge des Schlags beträgt, so, daß nicht zween Schläge neben einander fallen könnten, so muß man die Länge des Schlags den ganzen Wald durch laufen lassen, und ihn so viel schmäler machen. Oft bestehen auch die Nadelholzwälder aus kleinen Stücken, die hin und wieder zwischen andern zerstreut liegen: in diesem Fall nimmt man ihre gesammte Morgenzahl zusammen, theilt diese Zahl, wie oben gemeldet, mit 100, oder wie alt die Bäume bei dem Abtrieb seyn sollen, so erfahrt man, wie viel Morgen man jährlich abtreiben könne. Nun überschlägt man, wo man das älteste Holz habe? da treibt man einmal an der Nordostseite den ersten Schlag ab; wäre der Wald nicht breit genug, so macht man den Schlag entweder so viel breiter, und besäet das übrige mit der Hand, was die Natur unbesaamet läßt; oder man treibt an einem andern Ort so viel dazu ab, als das jährliche Quantum erfordert.

§. 622. Ein Wald kann auch in einem schmalen Streife bestehen, und von Nordost gegen Südwest fortstreichen: in diesem Fall könnte ich den Schlag nicht länger machen, als der Wald breit ist, wenn ich mich so genau an die Nordostseite binden müßte; ob diese Seite gleich die beste ist, so kann man doch auch mit gutem Erfolg von Morgen gegen Abend, oder von Norden gegen Süden abtreiben. Dieser Vortheil kommt uns ebenfalls an gähen Bergseiten zu statten, denn an der Nordseite fliegt der Saamen viel weiter, als an der Südseite.

§. 623. Ein Nadelrevier, welches zu klein ist, als daß man's in 100 Schläge abtheilen könnte, läßt man stehen, und benutzt die einzelne Bäume daraus, wie sie reif werden; oder man theilt es in Schläge ein, deren jeder seine 30 Ruthen Breite hat; die Länge richtet sich dann nach der Größe des Stücks, und so wird man eine gewisse Anzahl Schläge bekommen. Mit diesen dividirt man in 100, so erhält man eine Zahl, welche die Jahre aus zeigt, nach welchen ich allemal einen Schlag abzutreiben habe. Gesezt, ich hätte 10 Schläge: mit diesen in 100 dividirt, bekomme ich 10 Jahre; folglich hätte ich alle 10 Jahre einen Schlag abzutreiben; will ich aber alle Jahr Nadelholz schlagen, so muß ich das Stück in 100 Schläge theilen, und sie so viel schmäler machen.

§. 624. Im Fall, wo man in Nadelholzrevieren so kleine Stücke Laubholz, oder in Laubholzdistrikten kleine Stücke Nadelholz hat, da thut man am besten, wenn man die kleinere Stücke mit in die allgemeine Zahl der Schläge so oft einschaltet, als sie zum Abtreiben fällig werden. Gesezt, ich hätte Gehaue oder Schläge von lauter Laubholz, und 15 Schläge Nadelholz, ich triebe jährlich ein Gehau oder Schlag Laubholz ab, so könnte ich nicht alle Jahr einen Schlag Nadelholz abtreiben, denn nach 15 Jahren ist der erste Schlag nicht wieder gewachsen.

§. 625. Daher kann man alle 6 bis 7 Jahre den Laubschlag oder Gehau so viel kleiner machen, und alsdann einen Nadelschlag dazu abtreiben; sollte man aber jährlich etwas Nadelholz nöthig haben, so muß man sich mit Ausplentern behelfen, und wo möglich mehr ansäen.

2. Von der Forſtſicherung.

§. 626. Wenn die Nadelholzwälder durch⸗
gehends faſt gleichförmig beſtanden ſind, ſo
geht's an, nach der Morgenzahl die Schläge
einzutheilen; hat man aber ganz ungleiche
Oerter, ſowohl in der Menge als im Alter
des Holzes, ſo muß man die ganze Maſſe Hol⸗
zes würdern, alsdann mit dem Alter der
Bäume (als etwa mit 100) in die Klafter⸗
oder Kubikſchuhzahl der geſammten Holzmaſſe
dividiren, ſo erhält man das jährliche Holz⸗
quantum. Nun fängt man an der Nordoſt⸗
ſeite an, und würdert alle Jahr das Holz⸗
quantum ab, indem man dem Schlag ſeine
gehörige Breite giebt, ihn aber ſo lang macht,
als es die jährliche Holzmenge erfordert. Nun
werden freilich die Schläge nicht gleich groß,
aber man erhält doch alle Jahr gleichviel Ge⸗
hölze zur Nuzung.

§. 627. Dies Holzwürdern erfordert
einen erfahrnen Forſtmann, der nach dem
Augenmaas beiläufig urtheilen kann, wie viel
Schuhe Brett⸗ oder Stammholz, und wie
viel Klafter der Abraum und das Unterholz
ein jeder Waldmorgen, je nach ſeinem Beſtand,
abgeben werde? Um zu dieſer Geſchicklichkeit
zu gelangen, thut der Anfänger am beſten,
wenn er Bäume von allerhand Größe und Di⸗
ke mißt, beim Abtreiben die Klafter des Ab⸗

raums bemerkt, und dann ihre Gröse wohl
in's Aug faßt, so kann er stehende damit ver⸗
gleichen, und genau genug zu diesem Zweck so⸗
wohl die allgemeine Holzmasse, als auch das
jährliche Quantum anschlagen.

§. 628. Wenn ein Nadelholzdistrikt noch
nie pfleglich in Schläge getheilt worden ist, so
findet man altes und junges Gehölz durchein⸗
ander; fängt man nun nach obiger Methode
an, an einem Ort kahl abzutreiben, so bleibt
das übrige alles verschont, und das Auspleu⸗
tern hört auf; in diesem Fall aber können wäh⸗
rend 80 bis 100 Jahren sehr viele Bäume ab⸗
ständig und Windfälle werden, daher muß
der Forstwirth, nebst dem jährlichen Schlag,
alle Jahr durch den ganzen Distrikt die Bäu⸗
me auszeichnen, welche abständig sind, und
sie nebst dem Schlag fällen, bis er einmal
herum ist; alsdann ist das Holz jedes Schlags
von einem Alter, und man ist nun in Ord⸗
nung.

§. 629. Bei dem Abtreiben der Nadel⸗
holzschläge muß man sich hüten, daß die Bäu⸗
me nicht auf das junge Gehölz oder den vor⸗
jährigen Anflug fallen, weil er dadurch ver⸗
dorben wird; sondern man fällt sie auf den
abzutreibenden Schlag. Ich halte auch dafür,
daß man nicht übel thun würde, wenn man

2. **Von der Forstsicherung.** 295

die Nadelbäume ausgrübe, sie mit der Wurzel fällte, weil es nicht viel mehr Mühe erfordert, als das Abhauen; will man das aber nicht thun, so muß man doch alsofort nach dem Abtreiben die Stubben ausheben.

§. 630. Das Ausgraben der Stöcke hat bisher die Mechaniker beschäftiget, und es sind zu diesem Zweck viele artige Werkzeuge erfunden worden; diese Erfindungen soll der Forstwirth schäzen, solche Schriften lesen, und sich alles bekannt machen, auch sich Modelle von solchen Maschinen verschaffen, und zur Zierde neben die Säepflüge und andere ökonomische Künsteleien der Theoretiker hinstellen; aber er hüte sich für dem Gebrauch des Werkzeuges selber! denn ich verspreche, daß ich allemal einen Stock mit viel geringerer Mühe und Kosten rein ausgeworfen haben will, ehe der Künstler seine Hebladen und Winden einmal in Ordnung gebracht und angelegt hat.

§. 631. Diese meine leichte Methode ist folgende: man nimmt einen Bohrer, der ¾ bis 1 Zoll weit ist, und bohrt damit ein Loch seitwärts am Stock, da wo er am festesten ist, schief bis in die Herzwurzel hinein; in dies Loch bringt man nun eine Patrone mit Schießpulver, stampft sie bergmännisch mit Thon, um einen Halm zu, der auch mit Pulver angefüllt wird, dann legt man eine Lunte auf, oder einen Schwefelfaden, und geht weg; bald darauf schlägt das Pulver den Stock aus der Erde heraus; und wenn noch ein Stück zurück bleiben sollte, so kann man's leicht mit einer Keilhaue und Holzaxt vollends herausbringen.

§. 632. Wenn der Nadelholzschlag völlig abgetrieben, das Holz abgefahren, die Stubben ausgehoben und ebenfalls fortgeschaft sind, kurz, wenn der Plaz völlig rein ist, so muß man alle Gruben auÿebnen, und den ganzen Plaz mit einer Hacke flach fälgen oder häckeln; denn da das Abtreiben allemal am nüzlichsten im Herbst geschieht, weil dann der Saft aus dem Holz ist und es nicht so leicht verdirbt, so bereitet nun das Häckeln und die Winterwitterung den Boden zur Saat, die alsdann im Frühjahr von der Südwestseite her, bei gelindem warmem Winde von selbst erfolgen wird.

§. 633. Wenn im folgenden Jahr der Anflug zu sehen ist, so betrachtet man den Schlag genau: wo leere Pläze sind, da säet man unverzüglich an, und fährt damit alle Jahr fort, bis alles aufs beste bestanden ist. Wenn man solche junge Schläge recht pfleglich schüzt, daß sie auf keinerlei Weise beschädiget werden, so wird man, wenn alles einmal abgetrieben ist, alle Schläge, mithin das ganze Revier, im schönsten Bestand haben, und also immerhin alle Jahr einen reichlichen Nadelholz-Ertrag gewinnen.

§. 634. Wenn der jährliche Absaz grösstentheils in Klasterholz besteht, so, daß man nur blos zum einheimischen wenigen Gebrauch für Stamm- oder Bau- und Nuzholz zu sorgen hat, so sind die Laubholzschläge sehr vortheilhaft, weil das Schlagholz zwischen 16, 20, bis 30 Jahren völligen Wiederwuchs hat, und man also alle Reviere oder den ganzen Distrikt nur höchstens in 30 Schläge theilen darf; einen Wald von Oberholz läßt man sich alsdann zu Stammholz stehen, um durch pflegliches Ausplentern der reifsten Bäume jährlich so viel Stammholz haben zu können, als man bedarf. Man muß aber einen solchen Stammholzwald wohl überschlagen: er muß wenigstens 300 mal so viel wuchsiger Stämme, gros und klein gerechnet, enthalten, als man jährlich Bäume braucht, damit eine junge Eiche, welche dieses Jahr aufkeimt, vollkommen werden könne, ehe alle andere Bäume vernuzt sind.

§. 635. Will man einen Distrikt auf Schlagholz einrichten, so hat man entweder mehrentheils Oberholz oder Buschholz: im erſten Fall iſt man alſo genöthiget, alles Oberholz zu Scheitern zu ſchlagen. Da man aber nicht weiß, ob ſich nicht in Zukunft die Umſtände ändern, ſo, daß man viel Stamm⸗ holz und weniger Schlagholz brauchen würde, ſo muß man im Abtreiben ſehr behutſam ſeyn, damit man ſeine Reviere nicht entholze. Die ſicherſte Behandlungsart in dieſem Fall iſt wohl folgende: man theile den ganzen Diſtrikt in 25 Schläge ein; oder, will man ſtärkeres Schlagholz haben, in 30 bis 40; auch die Oerter, welche man erſt angeſäet hat, oder binnen etlichen Jahren noch anzuſäen gedenkt, nimmt man mit in die Eintheilung der Schlä⸗ ge, nur daß man ſie ihrer Jugend nach aufs lezte verſpare.

§. 636. Alsdann fängt man am älteſten Oberholzort an, abzutreiben, und zwar fol⸗ gendergeſtalt: will man Bau⸗ oder Nuzholz daraus ziehen, ſo fällt man im Herbſt, etwa im November, die abſtändigen Bäume, die am dienlichſten dazu ſind, ſo viel man ihrer nöthig hat; was aber Scheitholz werden ſoll, das fällt man im April bis Anfangs Mai. Zuerſt hant man dann alles Unterholz kahl und rein an der Erde ab, und verwendet es zu Klafter⸗ und Reisholz; hernach nimmt

2. Von der Forſtſicherung. 299

man auch alte Knorren und abgehende Bäume, und treibt ſie ebenfalls zu Scheitholz ab; hierauf fällt man auch noch andere Bäume, wo ſie zu dick ſtehen.

§. 637. Die Stämme, welche kahl an der Erde abgehauen werden, ſchlagen am liebſten aus, und ſchieſſen auch am ſtärkſten in's Holz; dies gilt aber nur von jungen Stöcken, alte treiben keine Stammlohden mehr. Zugleich will man bemerkt haben, daß das junge Gehölz, ſowohl Saam- als Stammlohden, nicht gedeihe, wenn es allzuſtark von der Sonne beſchienen wird. Damit nun ein ſolcher Schlag aufs beſte in Beſtand geſezt werde, ſo beſäet man ihn den Herbſt nach dem Abtreiben, mit Eichen, Birken, Hainbuchen und anderm ſchnellwachſendem Laubholz, und bewahrt ihn hernach durch den beſten Forſtſchuz. Auch hier muß man von Jahr zu Jahr nachſäen, damit keine Blöſen bleiben mögen.

§. 638. Auf dieſe Weiſe treibt man einen Schlag nach dem andern ab; und wenn man nun in Erziehung des Holzes und dem Forſtſchuz ſeine Pflicht gethan hat, ſo wird man die neuangeſäeten Schläge, die der Forſtwirth gar nicht im Holzbeſtand fand, ſondern neu angelegt hat, dicht voll wuchſiges ſchönes Schlagholz finden; dieſe treibt er nach der

Regel ab, die ich oben bei der Waldſaat gegeben habe, ſo, daß er Laßreiſer zum Beſaamen, und auf den Nothfall zu Oberholz ſtehen läßt.

§. 639. Der erſte Schlag, an welchem der Forſtwirth anfieng abzutreiben, iſt nun auch, wenn die Reihe wieder an ihn kommt, voller Schlagholz. Dünkt ihn, daß der Oberbäume noch zu viel ſind, ſo lichtet er den Wald noch mehr aus; und dazu nimmt er abermal die abſtändigſten Bäume. Um aber doch niemals in Mangel gerathen zu können, ſo thut er wohl, wenn er hie und da die wuchſigſten eichene Saamlohten zu Laßreiſern ſtehen läßt, um ſie zu Oberbäumen zu erziehen; Stammlohden darf er aber nicht zu dieſem Zweck verwenden, weil die Horſel-Eichen niemals etwas rechts werden können.

§. 640. Wenn die Reviere klein ſind und kaum, oder gar nicht dem Abſaz zu Brand- und Klaſterholz genugthun können, oder wenn auch obige Einrichtung dem Abſaz des Stammholzes keine Genüge leiſtet, ſo muß man nicht nur alle Pläzgen, welche eine Eiche oder Lerche tragen könnten, damit beſezen, ſondern man muß auch durch den Anbau fremder und ſchnellwachſender Hölzer zu helfen ſuchen. Wenn das Stammholz Nadelholz ſeyn kann,

2. **Von der Forstsicherung.**

und man dessen keins hat, so ist dessen Anbau hier anzurathen.

§. 641. Die würklichen Holzreviere sind in diesem Fall wieder entweder mit Oberholz oder mit Buschholz bestanden. Im ersten Fall kann der Forstwirth, wenn er auch nur Klaftexholz gebraucht, dasselbe nicht schonen; er thut am besten, wenn er's ganz abtreibt, so, daß er alle Bäume, die an der Wurzel nicht mehr ausschlagen, fällt, die Stubben aus wirst, und alles zu Scheiten schlägt. Es ist aber wohl zu merken, daß er seinen Distrikt erst in Schläge abtheilen muß, und weil es ihm nur um Brandholz zu thun ist, in 16 bis 20 Schläge, damit sie desto gröser werden mögen, und er also jährlich mehr Gehölz zu verkaufen habe. Zum höchstnöthigen Stammholz kann man sich einen Wald aussondern, den man mit dem Forstbann belegt, und jährlich so viel ausplentert, als die höchste Noth erfordert.

§. 642. Wenn ein Schlag kahl abgetrieben worden, so, daß er keinen Schatten mehr hat, so soll er nach dem Zeugniß verschiedener Forstkundigen leicht veraugern, Heide und Rasen ziehen, und wenig Holz geben. Obgleich diese Bemerkung nicht ganz richtig ist, besonders wenn man gutes Schlagholz hat, und es nicht zu alt werden läßt, so kann man doch, wo keine sonderliche Fruchtländer sind, nach der **Siegenschen** Methode verfahren, welche ganz vortreflich geräth. Dem zufolge theilt man den Schlag unter die Bauern, denn sie sind dort Eigenthümer dieser Waldungen, diese treiben im April alles Holz rein ab, im Mai und Junius hacken sie ihn, im Julius trocknen sie die Rasen bei trockenem Wetter, und verbrennen sie im August; zu dem Ende aber muß man über den ganzen Schlag etwas Reisig liegen lassen.

§. 643. Wenn die Rasen im August bei trockenem Wetter verbrannt werden sollen, so bricht man ein Häufgen dürres Reisig zusammen, richtet es gegen den Wind, und zieht mit der Kraze die trockenen Rasen in einen kleinen Kegel darauf, so wie man die kleinen Heuhaufen macht, wenn das Heu noch nicht trocken ist; gegen den Wind aber läßt man das Reisig hervorgucken, die Rasen muß man auch mit der Moos- oder Grasseite gegen das Holz kehren, damit sie leichter brennen. Hat man sie nun auf Haufen gezogen, so macht man eine Fackel, und steckt einen nach dem andern an; wenn nun der Wind ein wenig geht, so verbrennen die Rasen bald zu lauter Asche. Doch thut man wohl, wenn man im

2. Von der Forstsicherung. 303

mer nachschiert, bis alles recht verbrannt ist, und muß daher lieber eine Nacht dabei bleiben.

§. 644. Im September streut man die Asche mit einer Schaufel recht eben aus, säet nun Roggen daran, und vermischt ihn mit einem Siebentel Birkensaamen. Ich rathe hier ernstlich zur Birkensaat, weil es ein sehr gutes Brandholz ist, bei dieser Einrichtung vortreflich wächst, und nach 16 bis 20 Jahren vollkommen zu Schlagholz ist; man kann alsdann Waffen- und Klasterholz die Menge aus einem solchen Schlag ziehen. Der Saamen wird mit einem Pflughacken oder mit der Hacke untergebracht. Alsdann besteckt man noch den ganzen Schlag mit Eicheln, wodurch man hernach den allervortreflichsten Schlag erhält.

§. 645. Wenn man von Jahr zu Jahr jeden Schlag so behandelt, so wird man jährlich, und zwar auf immer, einen reichen Vorrath an Klasterholz liefern können, und also seiner Pflicht, in Ansehung des Fürsten und des Staats, vollkommen entsprechen. Wem etwa die Arbeit zu mühsam und zu kostbar vorkommen würde, dem will ich einen Ueberschlag vorlegen, der nicht übertrieben seyn soll. Gesezt, der Schlag wäre 200 Morgen groß; diesen können 30 Männer spielend bearbeiten, so, daß sie das Holz abtreiben, hacken, die Rasen brennen und das Korn säen; und noch sind sie lange nicht den ganzen Sommer damit beschäftiget.

§. 646. Wenn ich nun nur 4 Malter Korn auf einen Morgen rechne, die man davon ernden wird, und das Malter nur 3 Gulden anschlage, so beträgt der ganze Schlag 2400 Gulden; das Saatkorn rechne ich 600 Gulden, diese von obiger Summe abgezogen, bleiben noch 1800 Gulden; theile ich diese unter die 30 Arbeiter, so bekommt jeder 60 Gulden welches warlich gnug ist.

§. 647. Wenn solche Reviere aber kein Oberholz, sondern nur Buschholz hätten, so muß der Forstwirth sehen, ob ihm dies Buschholz bei pfleglicher Behandlung und Abtreiben auf 16 bis 20jährige Schläge genugthun werde? Ist dies, so verfährt er genau wie oben; widrigenfalls aber muß er bei der Kornsaat jedesmal Birken und Eicheln mit untersäen.

§. 648. Zum Beschluß meiner Lehre von den Schlägen merke ich nur noch an, daß man allemal wohl thue, (blos den lezten Fall, wo die Reviere gegen den Absäz gar zu klein sind, ausgenommen) wenn man in den Schlägen Laßreiser und Oberständer auf die Zukunft stehen läßt, und zwar so viel, daß sie den Bo-

den

2. Von der Forstsicherung.

den größtentheils beschatten, damit es bereinst bei veränderten Umständen an Oberholz nicht gebrechen möge, oder, wenn's die Noth erfordert, man den Schlag bald zu Hochgewäld erziehen könne.

§. 649. Wenn der Forstwirth weitläuftige Buchreviere hätte, die ihm zwar zu Schlagholz genugthäten, die er aber auf eben besagte Weise nicht mit Laßreisern versehen könnte, weil die Stammlohden dazu untauglich sind, und es ihm an Saamlohden fehlen kann, so muß er bei jedesmaligem Abtrieb den Schlag mit Eicheln und Bucheln besezen. Wenn nun die Reihe wieder an einen solchen Schlag kommt, so hat man Saamlohden genug, um sie zu Oberholz zu erziehen.

§. 650. Ich wende mich nun zu der wichtigen Lehre von den Gehauen. Wenn der Absaz in einem Distrikt fast ganz aus Stammholz besteht, so, daß aus dem Abraum, aus den Knorren und mißgewachsenen Bäumen das Klafterholz vollkommen bestritten werden kann, so muß der Forstwirth sein ganzes Augenmerk auf Oberholz richten. Ist der Absaz sehr stark, und merkt er, daß sein Distrikt denselben auf die Zukunst nicht bestreiten werde, so muß er, wenn er Laubholz hat, wo er nur Gelegenheit dazu findet, Nadelholz an bauen, und nun seine Einrichtung so treffen, daß er jährlich nicht mehr abtreibt, als es sein Vorrath zuläßt, um bis zur Vollkommenheit des jungen Anwuchses auskommen zu können.

§. 651. Ist aber ein Distrikt zum Absaz gros genug, so geht die Forstsicheruug dahin, daß man zum wenigsten jährlich so viel anziehe, als man abtreibt, und daß man das vollständige Gehölz in so viel Gehaue eintheile, als Jahre zur Vollkommenheit des jüngern Holzes erfordert werden. Hier muß man anders verfahren, als bei dem Nadelholz, dessen Abtrieb ich oben gelehret habe.

§. 652. Das Nadelholz wächst geschwind, daher werden die Bäume bald vollständig; man findet sie in den Nadelwäldern in mehrerer Gleichheit der Gröse und Dicke, als in den Laubwäldern; man kann auch aus diesem Grund einen Nadelwald, ohne sonderlichen Schaden, kahl abtreiben; dahingegen derselbe in einem Laubwald ungemein gros seyn würde, wenn man junge wuchsige Eichen und andere Bäume mit den Alten abhauen, und solchergestalt den Ort kahl abtreiben wollte.

§. 653. Den Nadelwald muß man kahl abtreiben, weil die einzelnen ausgelichteren Bäume dem Wind zu sehr ausgesezt sind, und leicht verdorren. Dieser Fall trift aber bei dem Laubholz nicht zu, denn es wurzelt tiefer und fester. Das Nadelholz besaamet sich von Natur sehr stark, und erzeugt häufigen Anflug, so, daß der Boden nicht verangern kann, indem die jungen Pflänzgen jedes Gras und Unkraut überwachsen; im Gegentheil besaamet sich das Laubholz sehr schwer, der Anflug wächst langsam, besonders verträgt er die Sonnenhize nicht gern, und der Boden verangert leicht.

§. 654. Endlich, da das Laubholz mehrere Jahrhunderte zu seiner Vollkommenheit erfordert, so würde die Eintheilung eines Distrikts in so viele hundert Stücke, noch seine besondere Beschwerlichkeiten haben; daher halte ich dafür, es sei unweislich gehandelt, wenn man die Laubholzwälder schlagweis kahl abtreibt. An dessen Stelle will ich nun Heischesäze entwerfen, wie man nach dem Zweck der Forstsicherung das Hochgewäld in Gehaue abtheilen und abtreiben müsse.

§. 655. Ich theile das Laubholz seinem Alter nach in 4 Gattungen: die erste begreift alles Gehölz in sich, das noch unter 40 Jahren ist, und also noch Schlagholz werden kann; die zwote enthält alle Eichen und Buchen, die zwischen 60 bis 200 Jahren sind; zur dritten zähle ich alles Oberholz, das schon in den Jahren seiner Vollkommenheit steht; die vierte Gattung begreift endlich alles abständige Gehölz in sich.

§. 656. Diese vier Gattungen des Holzes im Hochgewälbe will ich mit eigenen Namen benennen, um mich deutlicher erklären zu können:

Die erste Klasse enthält also Unterholz;

Die zwote, wuchsiges Holz;

Die dritte, vollkommenes oder reifes Holz;

Die vierte endlich, abständiges Holz.

§. 657. Wenn der Distrikt so gros ist, daß alle Jahr so viel Holz abständig wird, als man gebraucht, so besteht die Pflicht des Forstwirths nur in einer guten Holzzucht und Forstschuz, damit die Wälder nicht verödet werden. Dieses kann er daran erkennen, wenn seine Reviere so gros und so wohl bestanden sind, daß er auf dem 80sten bis 100sten Theil derselben abständiges Holz genug zum Absaz findet, wenn er diejenigen Bäume dazu rechnet, welche durch das ganze Revier ohne Schaden nicht mehr stehen können, und also von Jahr zu Jahr nebst dem Gehau be-

2. Von der Forstsicherung.

nuzt werden müssen. Während 80 bis 100 Jahren werden alsdann in wohlbestandenen grosen Revieren auf dem ersten Gehau wieder Bäume genug abständig werden.

§. 658. In diesem Fall theilt also der Forstwirth seinen ganzen Distrikt in 80 bis 100 Theile ein: wo das Holz zu dünn steht, oder wo nicht abständiges genug ist, da vergrösert er das Gehau so viel, als nöthig ist; und wo zu viel steht, da verkleinert er's. Mit einem Wort: er würdert alles abständige Holz seines Reviers, theilt es in 80 bis 100 Theile ein, so erhält er sein jährliches Quantum; dieses würdert er alle Jahr, da, wo das älteste Gehölz ist, aus den übrigen drei Holzklassen, und treibt es da ab, und zwar folgendergestalt: er fällt nämlich die Bäume auf die behutsamste Weise, damit das Niederfallen keine wuchsige Bäume verderbe, wirft die Stubben aus, haut auch alles Unterholz, das keine Oberbäume giebt, kahl an der Erde ab, und besäet nun alle leere Pläze und Blösen mit Eicheln und Bucheln, wie ich oben bei der Waldsaat, bei der Lehre vom Einsprengen, angezeigt habe.

§. 659. Auf diese Weise verfährt er alle Jahr, so wird er immer seinen jährlichen guten Forstertrag geniessen, und seinem Nachfolger reichlich bestandene Wälder hinterlassen; und würden sich auch neue Quellen des Absazes entdecken, so kann er dennoch seinen Ertrag vermehren, wenn er in der nächstvorhergehenden Klasse der vollkommenen Bäume, noch einen und andern Stamm von den ältesten dazu nimmt.

§. 660. Wenn aber das abständige Holz lange nicht zureicht, so, daß er auch das vollkommene mehrentheils angreifen muß, so ist noch mehrere Vorsicht nöthig. Die ersten beiden Gattungen darf er schlechterdings nicht fällen, weil darauf die ganze Hofnung der Zukunft beruht; daher muß er alles vollkommene nebst dem abständigen Gehölz würdern, alsdann sein Revier auf 150 bis 200 Gehaue eintheilen, und nun anfangen, diejenigen Stämme, welche ihm sein jähriges Gehau anzeigt, am ältesten Ort abzutreiben. Doch kommt es hier abermal darauf an, ob dann auch noch Holz genug übrig bleibe, um nach 150 bis 200 Jahren dem Absaz genugthun zu können? widrigenfalls muß er noch vom jüngsten Gehölz der dritten Klasse so viel stehen lassen.

§. 661. Es ist freilich bedenklich, einen Nuzen, zum Besten so später Nachkommen, fahren zu lassen, da man nicht einmal gewiß ist, ob sie unsern versparten Vorrath werden gebrauchen können? Allein, es ist immer wahrscheinlicher, daß sie eben sowohl Holz nöthig haben werden, als wir; daher erfordert das Recht der Natur, daß wir ihm eben den Genuß sichern, den wir gehabt haben, besonders wenn unser Vorrath zureicht, unsere Nothdurst zu bestreiten. Die im lezten Fall abgetriebene Oerter oder Gehaue werden nun freilich mehr ausgelichtet, als im ersten; doch bleiben die ersten beiden Holzgattungen stehen, damit der Boden desto mehr beschattet werde. Die Saat der Eicheln und Bucheln besorgt man nun wieder aufs beste.

§. 662. Der Forstwirth muß sich's zur Generalregel machen, jährlich nicht mehr abzutreiben und zu verkaufen, als es ihm die Geseze der Forstsicherung erlauben, um immerfort eben so viel, wo nicht noch mehr, verkaufen zu können. Sollte aber der Regent darauf treiben, mehreres Geld aus den Wäldern zu schaffen, und würden vernünftige Vorstellungen nichts helfen, so muß der Forstwirth entweder Folge leisten, oder sein Amt niederlegen; im ersten Fall muß er die Holzzucht und den Forstschuz desto besser in Uebung sezen, um desto ehender wieder den Holzbestand herzustellen.

§. 663. In allen Fällen, wo der Holzertrag gegen den Absaz zu klein ist, oder wo
die Forstkaffe nicht viel einnimmt, oder arm
ist, da muß der Forstwirth besonders wohl
haushalten; hier ist der Ort, kostbare Hölzer
zu erziehen, die viel Geld kosten, Holzmanu-
fakturen anzulegen, um durch den Handel mit
verfertigter Waare dem Staat das zu ersezen,
was ihm im Verkauf roher Produkten abgeht.
Hölzer, die sehr geschwind wachsen, besonders Nadelholz, und vorzüglich Lerchen, haben hier wieder ihren Plaz.

§. 664. Wenn ein vernünftiger, braver
und geschickter Forstwirth an die Stelle eines
Mannes kommt, der mit Unverstand gehau-
set, und jährlich ansehnliche Kapitalien in die
Forstkaffe geliefert hat, so geräth er in eine
mißliche Lage: denn, weil er nun eine gute
Forstsicherung beobachten muß, so wird sein
jährlicher Ertrag viel kleiner. Daher muß er
die Sache durch einen ausführlichen Bericht
seiner Obrigkeit vorstellen, und ihr seinen Plan
vorlegen, nach welchem er seinen Beruf auszuführen gedenkt; wird ihm derselbe gut gehei-
sen, so geht er sicher; widrigenfalls hat er
doch seinem Gewissen Genüge gethan.

§. 665. Hier kann die Frage aufgeworfen werden, wie sich ein Eigenthümer eines

2. Von der Forstsicherung.

kleinen Waldes zu verwalten habe, der nicht in viele Gehaue eingetheilt werden kann? Darauf dienet zur Antwort: ein Wald, den man leicht übersehen, und dessen Bäume man so zu sagen alle kennen kann, läßt sich nicht besser bedienen, als durch pflegliches Ausplentern, so, daß man hie und dort einen Baum, wie er abständig wird, oder wie man einen benöthiget ist, abtreibe, und an dessen Stelle ein paar junge säe oder pflanze. Diese Manier geht aber im Grosen nicht an, weil man da der Sache entweder zu viel oder zu wenig thun wird.

§. 666. Uebrigens ist die Methode auch ziemlich gut, wenn man ein groses wohlbestandenes Forstrevier mit Ober- und Unterholz, und dabei einen guten Absaz hat, den man ziemlich wohl bestreiten kann, daß man das ganze Revier in 200 Gehaue eintheile, alsdann am ältesten Ort anfange, alles abständige und alles junge Gehölz abtreibe, zugleich auch so viel Bäume von dem vollkommenen, als keine 200 Jahre mehr stehen können, ohne abständig zu werden; in diesem Fall läßt man auf jedem Morgen nach Befinden 10 bis 20 wuchsige Stämme zur Saat und zum künftigen Abtrieb stehen. Andere nehmen dieses Jahr aus einem Gehau das abständige Holz, das folgende Jahr ans dem nächsten Gehau das abständige, lichten aber dabei das vorjährige noch mehr aus; so verfahren sie bei allen Gehauen, bis sie licht genug sind, und die ersten Gehaue wohl mit wuchsigem jungem Holz bestanden sind. Beide Methoden scheinen mir aber doch nicht sicher genug zu seyn, um sie zur Nachahmung empfehlen zu dürfen.

§. 667. Wo endlich gar kein Oberholz ist, und man aus den Umständen erkennt, daß man einen beträchtlichen Absaz auf die Zukunft in Stammholz würde haben können, da muß sich's der Forstwirth zur Pflicht machen, das beste und schnellwachsendste Oberholz anzubauen; denn ob er gleich keinen Vortheil davon zu geniessen hat, so wird er doch dadurch bei der Nachkommenschaft in gesegnetem Angedenken verbleiben.

§. 668. Damit er aber doch auch selbst nicht unthätig sein Leben zubringe, und so bald als möglich zum Gewinn komme, so muß er hie und da kleine Oerter mit kostbarem Nuzholz anlegen, geschickte Drechsler, Schreiner und Holzarbeiter, die kleine und feine Sachen verfertigen, nach und nach anzustellen suchen, damit er durch die Güte, Manchfaltigkeit und Zubereitung den Ertrag vergrösern

… möge, der ihm an der Menge roher Produkten abgehe.

§. 660. Oft liegen die Forstreviere weit zerstreut auseinander, so, daß er sie wegen der Unbequemlichkeit der Versendung nicht alle in einem Plan abtheilen, und nach der Ordnung abtreiben kann. In diesem Fall muß er jedes beisammen liegendes Revier, in welchem einerlei Versendungsart Statt findet, zu einem einzelnen Distrikt machen, und ihn nach den Umständen eintheilen und abtreiben.

§. 670. Alle Regeln, welche ich bisher angegeben habe, sind ziemlich allgemein, und jeder Forstwirth muß sie auf seine Reviere und ihre Beschaffenheit zu reduziren wissen; denn es ist unmöglich, ein Lehrbuch zu entwerfen, welches alle besondere Fälle enthält. Die Generalregel der praktischen Ausführung bei der Forstwirthschaft ist: man suche den jährlichen Ertrag so gros und seinen Absaz so fruchtbar zu machen, als möglich ist, doch aber so, daß man diesen Ertrag und diesen Absaz auf die Zukunft immer geniessen könne. Nun mag die Methode der Schläge und Gehaue seyn, wie sie will, genug, wenn man nur diesen Endzweck erreicht.

§. 671. Die Abtheilung in Schläge und Gehaue muß sich der Forstwirth auf der Karte burch Linien bemerken, damit er nicht irr werde, und vergesse, wo er angefangen, oder aufgehört habe, oder wo er zum ersten, zum zweiten und dritten mal abgetrieben habe. Zugleich muß er auf eben dieser Karte anzeichnen, wo und was er gesäet habe. Dadurch wird er in den Stand gesezt, in der Stube seine Sachen zu ordnen und zu überlegen, weil er auf der Karte alles besser übersehen kann, um hernach im Wald ohne langwieriges Bedenken und Ueberschlagen sicher und richtig seine Entwürfe ausführen zu können.

§. 672. Bis dahin habe ich nun die ganze Forstpflege der Ordnung nach gelehrt; ich machte erstlich meinen Plan, wornach ich die Forstwirthschaft vortragen wollte, zeigte die Eigenschaften eines Mannes an, der sich diesem wichtigen Geschäfte wiedmen will, lehrte die Natur der Forstpflanzen überhaupt, hernach auch die Eigenschaften einer jeden insbesondere. Darauf trug ich die Heischesäze vor, wie man eine jede Holzart säen, pflanzen und erziehen müsse, und zwar sowohl in der Baumschule, wo die Kunst, als im Wald, wo die Natur vorzüglich das meiste beitragen muß. Endlich lehrte ich, wie man seine Reviere mit ihren Produkten burch einen guten Forstschuz

2. Von der Forstsicherung.

für dem gegenwärtigen, und durch die beste Forstsicherung für dem zukünftigen Verlust, durch eine zweckmäsige Forsthut bewahren müsse.

§. 673. Wenn der Forstwirth dieses alles auf die beste Weise ausführt, so verschaft er sich alle Jahr einen Ertrag, den er und seine Nachfolger von nun an auf immer zu geniessen haben. Nun muß er aber auch diesen Ertrag zu benuzen wissen: dies ist der Hauptzweck, um welches willen alle seine Bemühungen angewendet werden, und um welches willen er eigentlich angestellt worden; fehlt er hier, so ist alles umsonst. Die Heischesäze, welche er ferner zu befolgen hat, machen die Lehre von der Forstnuzung aus, welche ich nun im zweiten Theil meines Lehrbuchs vortragen werde.

Ende des ersten Theils.

www.ingramcontent.com/pod-product-compliance
Lightning Source LLC
Chambersburg PA
CBHW021156230426

43667CB00006B/421